JN217984

2万回のA/Bテストからわかった

＼支持される／ Webデザイン事例集

鬼石 真裕
＋
KAIZEN TEAM

技術評論社

本書に記載の情報は、特に断わりのない限り、2018年7月1日現在のものを掲載しています。

A/Bテストの特性上、現在では公開されていないWebページ、既に終了したサービスの情報も掲載されている場合があります。
本書に記載されたURLは等は予告なく変更される場合があります。
本書ではA/Bテスト、Webデザインの解説を行うにあたり、実際のWebサイト、資料を適宜参照、引用させていただいています。これはあくまで本書の解説用に参照しているものです。
本書に記載された内容は、情報の提供のみを目的としております。また、本書の出版にあたっては正確な記述につとめましたが、著者や出版社などのいずれも、本書の内容に関してなんらかの保証をするものではなく、内容に基づくいかなる運用結果に関して一切の責任を負いません。あらかじめご了承ください。

はじめに

昨今、あらゆる業種・業界が、インターネット上で顧客に何らかのアクションをさせる事を目的として、多大な広告費をかけて自社サイトに集客をしています。

また、Facebook/Instagram/LINEなどのSNSなどを中心に、サイトへの流入も多様化し、デバイスや通信環境の進化によりユーザー環境も変化する中で、これまで以上に顧客理解・顧客最適のためのサイトの改善活動が求められています。

一方、企業側の目線に立つと、サイト改善の必要性は理解しつつも、未曾有の人材不足からなるリソース不足、経験不足により、思うように改善活動が進められていない実態の企業が多く見受けられます。

筆者は、WebサイトのA/Bテストを通じて事業の改善活動をサポートするKaizen Platformという会社に所属し、これまで約4年間で累計で約300社の大企業のクライアントに対し、2万回を超えるABテストを実行してきました。

圧倒的なテストの数をこなして行く中で、業種・業界に関わらず、サイトに訪れるユーザーの心理に裏付けられる行動、課題に対する改善の仮説や観点には一定の法則がある事がわかってきました。

本書は、これまでの2万回のテストの中から厳選した改善事例を抽出し、課題の提示から独自の観点考察を交えながら、1事例づつ改善のポイントを丁寧に解説して行くスタイルでの事例集の構成となっています。

業界や課題・問題ごと、クイズ形式で読みやすい構成を意識しています。本書を通して、皆様の知的好奇心が少しでも刺激され、日頃の改善活動への良質なインプットとなれば幸いです。

2018年 7月　鬼石 真裕

第2章 A/Bテスト事例集

目次

EC編

本書の使い方

1章はA/Bテストについての概要解説になり、2章はkaizen Platform社が実際に行ったテストの事例を掲載しています。2章の構成は次のようになります。

テーマおよびWebページ概要、課題

各企業のオリジナルページの画像と概要、それに抱えていた課題などが記されています。

A/Bテスト事例

実際にテストされたA/Bテストの事例で、クイズ形式になっています。Webページの概要や課題から、どちらが支持された事例か考えてください。

勝ち案解答およびポイント

A/Bテストの結果、どちらのWebページの方が改善率が高かったのかの解答です。実際に改善を行ったグロースハッカーの意見を元にポイントやメモを記載しています。

著者考察

著者の考察になります。A/Bテストから何が見えたかを解説しています。

※A/Bテストの事例の一部には、権利の関係上、ぼかしやモザイクを入れている箇所があります。

第1章 なぜA/Bテストが必要なのか

A/Bテストとは

まずはA/Bテストについての知識がない方に向けて、A/Bテストの説明をします。A/Bテストを理解している読者の方は、本項は読み飛ばしてください。

A/Bテストとは、簡単に言えば、「課題があるWebページを、他のデザイン案と含めてどれが一番効果が高いかを実際のサイト上で競わせてみるテスト」です。イメージできたでしょうか。

もう少し具体的に説明すると、「とあるWebサイトの特定のWebページにおいて、元のオリジナルページと、デザインがそれぞれ異なるA案、B案など複数案のページを、本番環境上で、"実際のエンドユーザー向けに" ランダムに配信して、どのページが最も反応が良いかを検証するテスト」となります。

具体事例で説明していきましょう。

下記のような、動画視聴サービスにおける会員登録をさせるページがあったとします。運営者は、このページの会員登録率が低いので、改善をしたいと考えています。

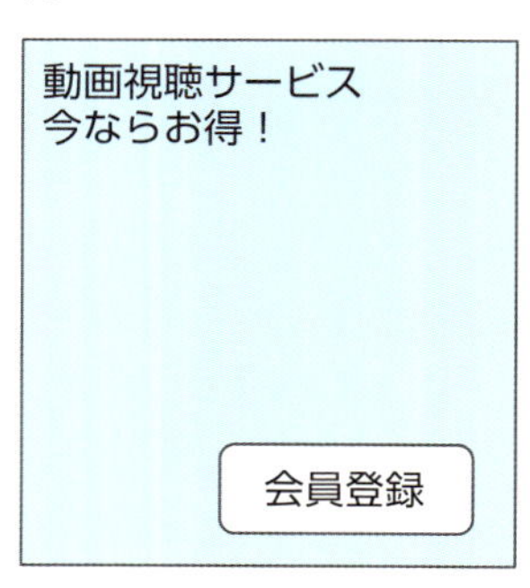

このページに対して、訴求文言とアクション導線に課題があると設定し、訴求文言に具体的なタイトル数を入れて大きく赤字で目立たせたA案、ボタンを大きく赤く目立たせたB案のページをそれぞれ用意しました。

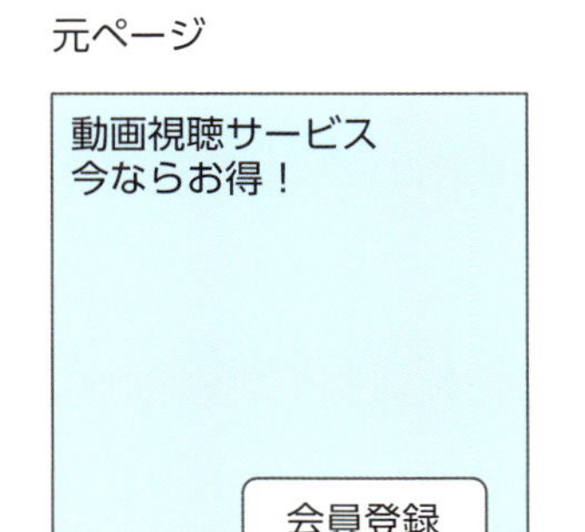

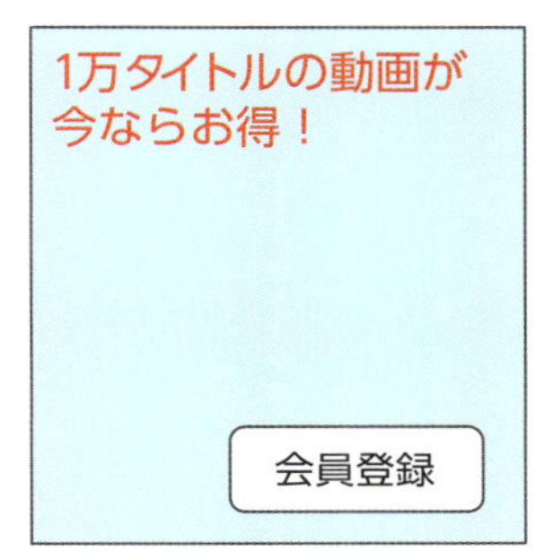

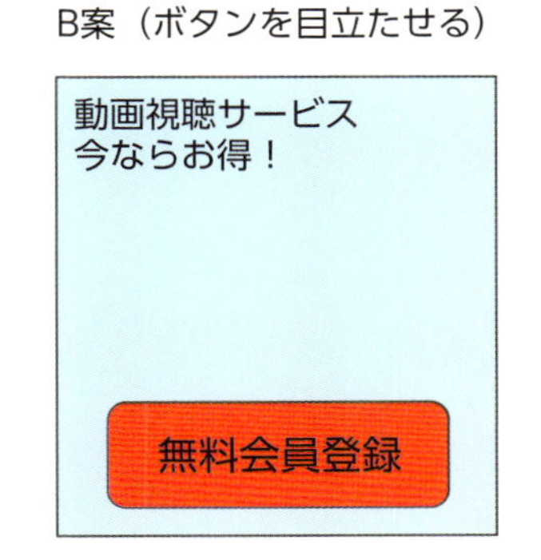

そして、これらの元のオリジナルページ、A案、B案をそれぞれ、実際にこのサイトにアクセスしてくるユーザーをランダムに同じ数だけ振り分けをして、どのWebページが一番反応が良いかを試します。振り分けには、A/Bテストツールというツールを利用します。

A/Bテストツールを利用するメリットは、他の改善アイデアをスピーディーに試すことができ、その結果の見える化、評価のためのトラッキング*も実施してくれる点です。

トラッキング
直訳で「追跡」という意味ですが、Webサイト上の様々な数値を継続的に取得して、事実を「追いかけられる」ようにする意味です。

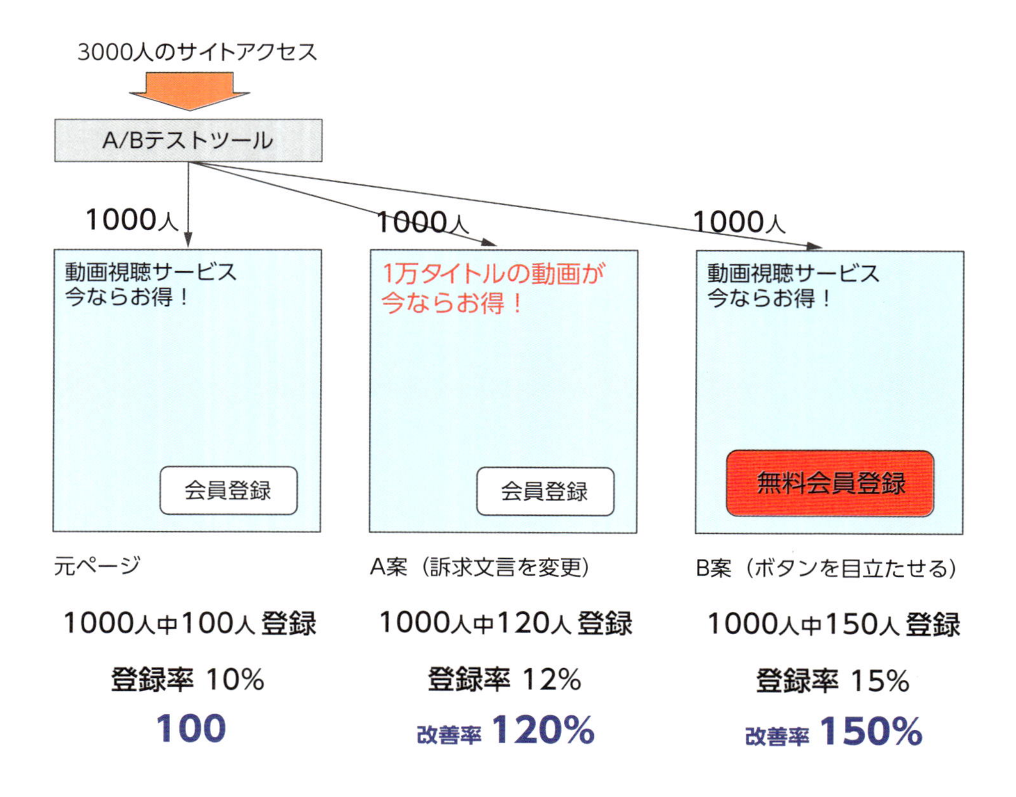

上記の図のように、元のオリジナルページと比較して、それぞれA案は改善率が120%、B案は150%の良い結果が出ました。

これがA/Bテストです。

A/Bテストの良い点は、実際にサイトに改修をかけて大きく変える前に、その仮説が正しいかどうかを手軽に検証できるという点です。

実際のサイトでの検証となるので、結果自体を仮説でなくテストされた事実として話が通しやすいこともメリットでしょう。よくある、ロジックのない声の大きい人の一言で仕様が決まってしまうようなことも、A/Bテストをした上であれば、「お客様に問うた結果」として、公平性のある結果を提示することが可能です。

　サイトリニューアルなどで、机上の仮説をベースに改修をかけてしまったものが、実は蓋を開けてみると数字が悪化してしまったというような話はよくあります。これが半年や1年もかけるようなリニューアルでは目も当てられません。

　チーム内で議論するWebサイトの課題が仮説でしかない場合は、リニューアルする前に、まずはA/Bテストで試してみるべきでしょう。

　次節以降で、さらに具体的にA/Bテストの事例や手法、メリットについて説明していきます。

もっとも有名なA/Bテストの事例

1h
60億

この数字が何の数字かわかりますか？

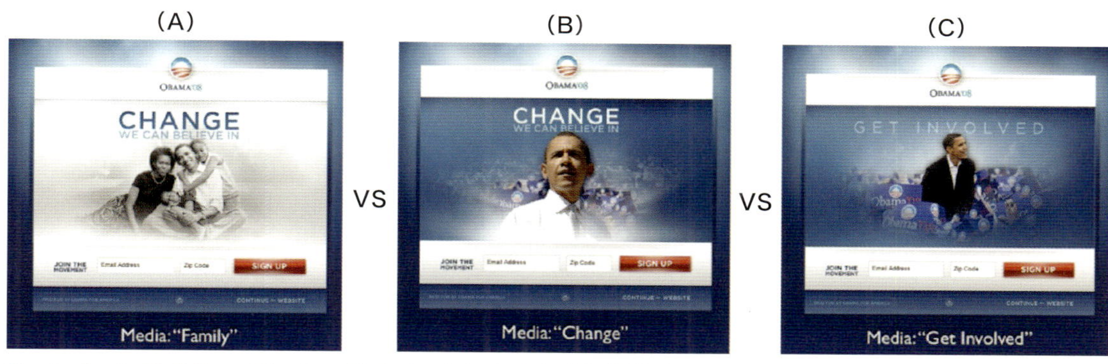

Optimizely社のDan Siroker氏のチームによる大統領候補時のオバマ氏のWebサイトのA/Bテスト
https://blog.optimizely.com/2010/11/29/how-obama-raised-60-million-by-running-a-simple-experiment/

これはグローバルでも有名なA/Bテストの事例です。

オバマ大統領は大統領選挙の際に積極的にインターネットを活用し、支持者から、数百億に上る多くの寄付金を集めたと言われています。

上記は寄付金を集めるためのランディングページ*として利用されたものです。この分析を担当したのがGoogle社でプロダクトマネージャーとして活躍した、Optimizely社のDan Siroker氏のチーム。Dan氏は当時大統領候補だったオバマ氏のサイトでA/Bテストを行い、驚くべき成果を上げました。

上記のページでもっとも成果を出したのは、一番左の、家族と一緒のオバマ氏（A）のページで、オリジナルのページと比較して113%のメール会員登録率を記録しています。次いで白いシャツのオバマ氏（B）が103%、黒いジャケットを来たオバマ氏（C）は100%でした。

一体、このページの何がユーザーに支持されたのでしょうか？

まず、1st View*の中で目立つのは、メインコピーの違いです。

AとBでは「CHANGE（変革）」というコピー、Cでは「GET INVOLVED（参加しよう）」というコピーですが、有権者にとって

ランディングページ
略してLPとも言われます。ユーザーがそのサイトに最初に訪れる（ランディングする）ページのことを指します。広告や検索経由で訪れるページは異なりますが、総称してその対象をランディングページと表現するケースと、主に広告流入からのランディング先のような静的なページでユーザーに特定のアクションをしてもらう為だけに特別に制作するページをランディングページと指すことがあります。本書では主に後者の意味合いで利用しています。

1st View
PCもしくはスマホの画面でスクロールされずに最初に見えるエリアのことを指します。

は、ワンメッセージでインパクトの強い、「変革」という言葉が、現状の不満からの変化という期待も含めて心に残ったと言えます。

また、写真については、BとCがオバマ氏だけの写真であることに対し、A案では家族＝女性、子供も一緒に写った写真であり、これが最も高い数字を記録しています。

有権者の対象は、男性だけではなく、女性、また子供を持つ親や、子供、孫がいる高齢者まで多岐に渡ります。家族写真とすることで、広い範囲の有権者の心を掴んだと言えるでしょう。

さて、最初のページにあった「1h 60億」とは何の数字だったのか……

BとCと比べて、Aは10％以上の差をつけた成果を出しており、これらのA/Bテストの結果で、結果的に約40％の数字改善があったと言われています。そしてオバマ大統領が寄付金として得た金額のボリュームを考慮すると、この改善による増収効果は約60億円と言われています。

では実際にサイト上で画像を変更する手間はどの程度でしょうか。慣れたエンジニアであれば、1時間もあれば十分修正可能でしょう。極論ではありますが、1時間で60億円分の仕事をしたと言っても過言ではありません。

これがA/Bテストの価値です。

事業や数字の「成長」という言葉は、因数分解すると、そこにかけた「時間」と「お金」の掛け算と言えます。

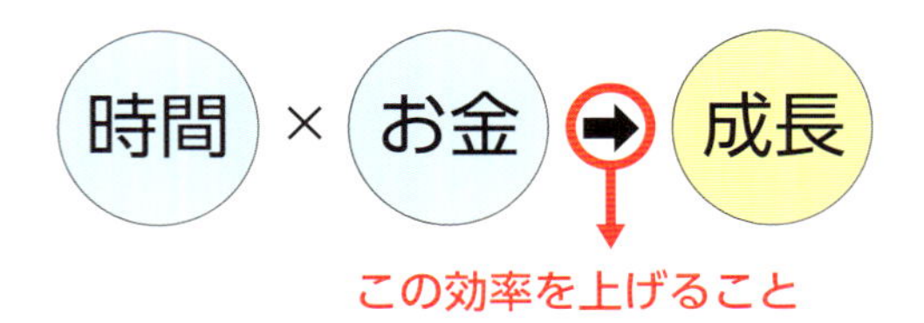

A/Bテストのような改善活動（グロースハック*）とは、「いかに効率的に、少ない時間とお金で最大の効果を得るかを追い続ける活動」と言えます。1時間で60億円の価値の仕事を生み出すことも、あなたもできるかもしれないのです。

グロースハック
ABテストなどの、効率的に最大の効果を出す改善手法により大きな効果を出すこと。また、それを実施する人たちを総称してグロースハッカーと呼びます。

それでは、「A/Bテストをしっかりやれば業績は伸びるのか」と言われれば、答えはNoです。

サイト改善活動（グロースハック）は、フェーズによって実施すべきことは異なります。

例えば、立ち上げたばかりのサイト、サービスにおいては、当然ですがまだまだサイトトラフィックは少ない状態です。この状態でA/Bテストを実施しても、効果の判断にも時間がかかり、効率的とは言えません。立ち上げ期に実施すべきは「集客」ですので、集客を効率的に実施するための施策、つまりPR活動やBizDev（事業開発）に注力すべきでしょう。

成長期に入り、サイト・サービスとしてのトラフィックが増えてくれば、仮説検証、グロースにおいてA/Bテストは有効な手段です。但し、実施するにはしっかりとした設計、準備が必要です。それは次節以降で見ていきましょう。

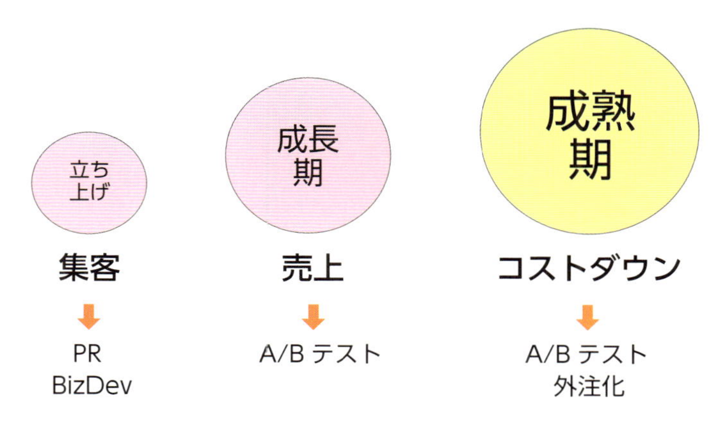

フェーズによってグロースハックの手段は異なる

なぜ継続的改善は必要なのか？

A/Bテストのような継続的な改善は、なぜ必要なのでしょうか？

これには、「構造の問題」と、「トレンドのスピード」が大きく関係しています。

まず、「構造の問題」について説明していきます。

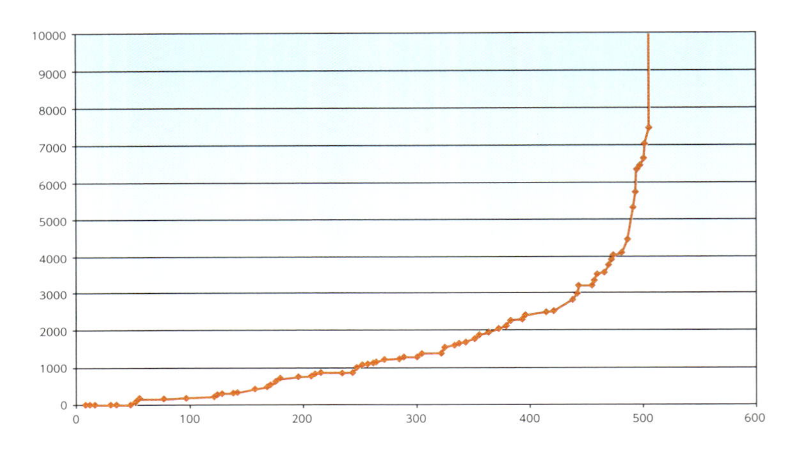

ポートフォリオカーブ

○縦軸は顧客獲得費用、横軸は顧客獲得数。

上の図は、顧客獲得コストのグラフを表したものです。縦軸は顧客を1人獲得するためにかかる費用（顧客獲得単価：CPA*）、横軸は獲得できる顧客数です。

プロモーション、集客に携わる方は実感値を持たれているかもしれませんが、顧客獲得は、一定のCPAで獲得し続けられるわけではありません。ある顧客数のボリュームを超えたあたりから、獲得の難易度は増していき、反比例する形でCPAが高騰し、獲得効率は急激に悪化します。

この前提に立ち、事業を拡大していくにあたり、顧客獲得を

CPA
「Cost per Acquisition」顧客獲得単価のこと。1件の顧客獲得にかかる費用を指します。広告費をコンバージョン数で割り返して算出します。100万円の広告費をかけて100件の新規ユーザを獲得した場合、CPAは1万円となります。

更に広げていきたいと考えた時に、企業が取りうる選択肢は2つしかありません。

ひとつは、CPAを上げること。ただしこのためには、悪化する効率を理解した上で大幅に獲得予算を積み増すか、一人当たりの売上や継続率を上げ、LTV*（顧客生涯価値）をあげて、1顧客獲得における許容できるCPAを上げていく方法しかありません。

もうひとつの方法は、顧客獲得の生産性である獲得率（CVR*）を上げるという方法です。

ランディングページや入力フォームの使い勝手の改善により、獲得率が上がれば、同じCPAでより多くの顧客獲得が可能になります（図表のような、全体のカーブが下がる構造になります）。

LTV（顧客生涯価値）
1ユーザが当該サービスに対して利用するトータル金額の平均値のことを指します。月額1万円の定期購買型の商品が平均1年継続する場合、LTVは12万円となります。

獲得率（CVR）
「Conversion Rate」獲得率、コンバージョン率。特定のページにおける、ユーザーが最終成果のアクションを行う率のことを指します。とあるECサイトの流入が10000/日セッションあり、最終成果の購入が100/日ある場合、CVRは1%となります。

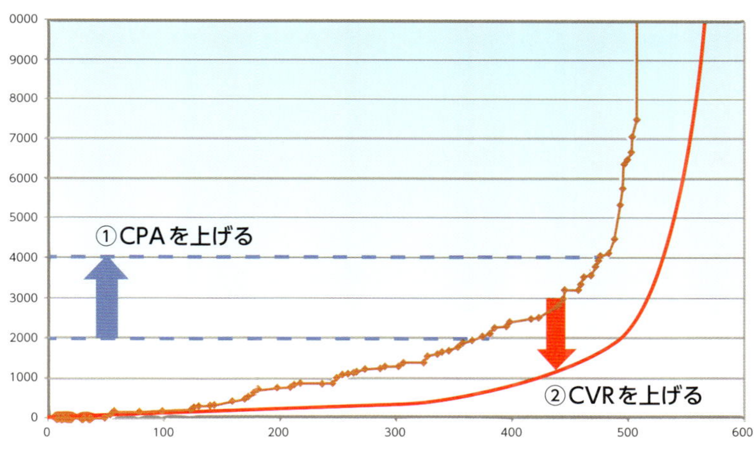

顧客獲得コストの原則（架空のケース）
LTVを上げて獲得単価を上げるかCVRを上げて全体のカーブを下げることができないと成長率を上げることができないという構造にある。

そもそも、効率が悪くなることをわかっていながら獲得予算を積み増すこと、またLTVを上げに行くことは大変難易度が高いことを考慮すると、構造上、サイトを改善し、CVRをあげていくことが、長期的に考えても効率の良い手段であることがわかります。

次はトレンドのスピードについて説明します。

ここ数年、iPhoneのトレンドを見ると明らかですが、スマートフォンの画面サイズは拡大の一途を辿っています。

iPhoneは年々サイズが大きくなっている

画面サイズが大きくなるにあたり、ユーザーにおけるスマートフォンの操作の仕方も変化していきます。数年前までは片手で持ち、親指だけで全ての範囲のタッチが容易にできる大きさでしたが、今の大画面では、親指だけで全ての範囲のタッチができず、片手で持った上でもう片方の手で操作をするような、両手使いの使い方をするユーザーも現れてきています。

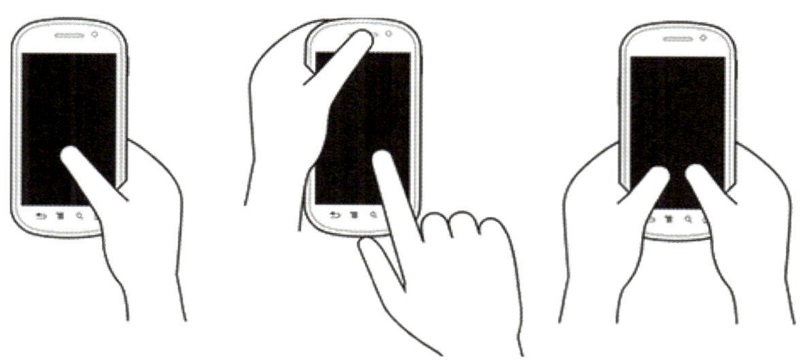

スマートフォンにおける片手、両手での使用方法例
https://www.uxmatters.com/mt/archives/2013/02/how-do-users-really-hold-mobile-devices.php?

このようなユーザーを考慮すると、これまでのUI*/UX*も見直しが必要になってきます。親指を前提としたアクションボタンの配置から、両手使いを考慮した配置など、操作のトレンドに合わせて使い勝手の改善も必要になるでしょう。

UI
User Interfaceの略。User Interfaceはユーザーと PCやスマホの間でやりとりされるものの総称を指すが、本書では、ブラウザに表示される画面の見た目のヴィジュアルのことを指します。

UX
User Experienceの略。User Experienceは、「顧客体験」であり、ユーザーにサイトの機能や使い勝手を通して提供する体験のことを指します。

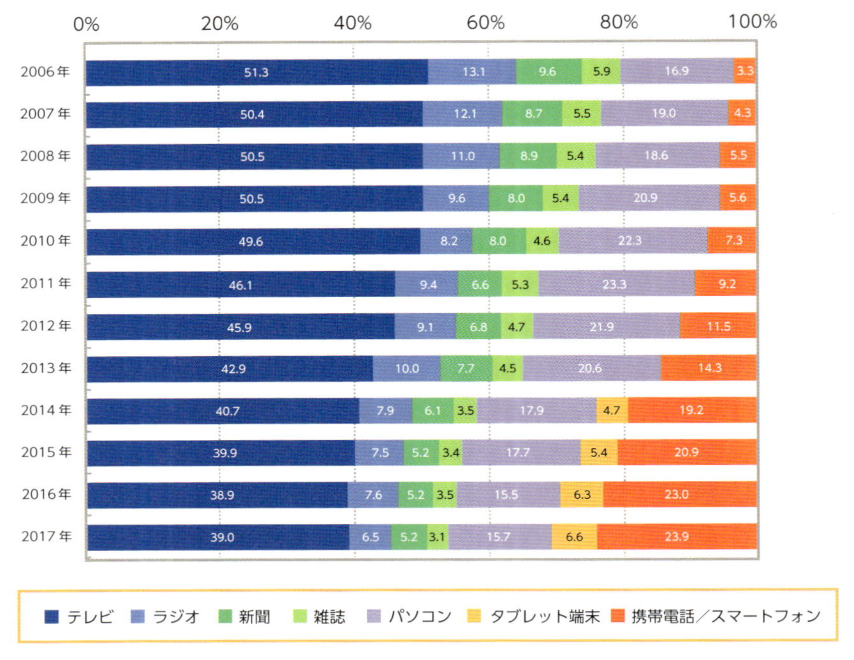

メディア別接触時間の構成比 事例列推移（1日あたり・週平均）：東京地区

上のグラフは、博報堂DYメディアパートナーズが定期的に行っている「メディア定点調査」によるものです。ユーザーがメディアと接触する機会がテレビやラジオ、新聞、雑誌など4マス広告から、パソコンやスマートフォンなどを使った"Web"へ移り変わり、2011年からはパソコンからスマートフォンへと急速に移り変わっていることもわかります。

トレンドが変わる度に、ユーザーとのコミュニケーションのカタチは変わっていきます。

今では若い世代を中心に、メールから、LINEやInstagramなどのSNSへのコミュニケーションにシフトしています。

これにより広告も変化しています。

スマホWebやアプリを中心とした現在では、アプリ内のフローティングバナー、メッセンジャーによる広告、SNS内における動画広告などの手法が主流になってきています。このようにドッ

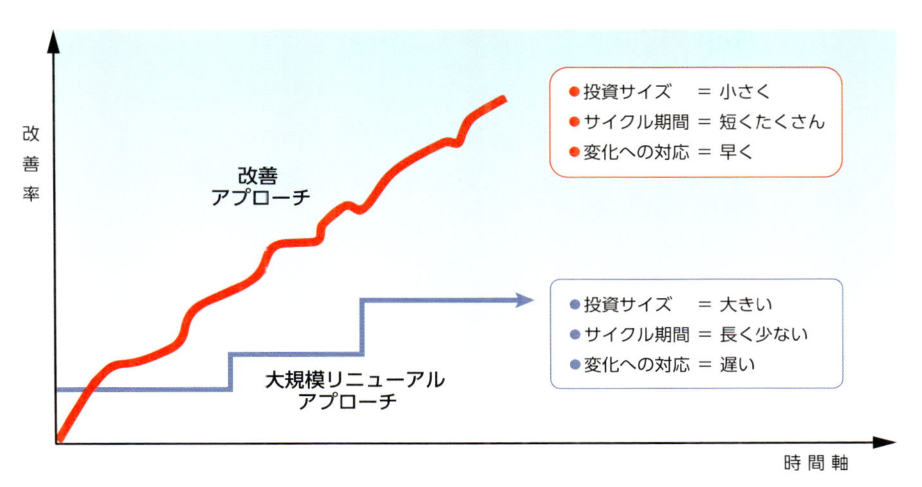

改善アプローチの時間との関係

グイヤーで急速に変化していくトレンドを捉えるためには、常にスピーディーな継続的改善が必要となります。

これまで一般的だった大規模なサイトリニューアルについても、1年の時間をかけてやっているようでは、リニューアル後にユーザーのトレンドの方が進化していて、ふたを開けると得たい結果が得られず、むしろ数字が悪化するという話は枚挙にいとまがありません。

これらの変化のスピードに対処していくためには、大きな投資サイズで期間の長い大規模リニューアルではなく、短く、早く、多くの打ち手を試して検証していく、A/Bテストなどの継続的な改善アプローチが必要となります。

また、前述のように、ソーシャルメディアの台頭により、サイトへの流入の構造も大きく様変わりしてきており、複雑化の一途を辿っています。

検索流入、テキスト広告、バナー・動画広告、ソーシャルメディア、それぞれの経路ごと、ユーザーは異なるモチベーションや状態でサイトに流入してきますが、お店の入り口であるWebサイト側は、すべてのユーザーに対して画一的な画面やコピーやUI/

UXで出迎えるケースがほとんどです。

リアルな店舗では顧客ごとに変えている接客も、Webサイトになった途端に同じ接客をしてしまっているのです。

Web接客ツールやDMP*、CDP*、CRM*などのサービスが増えているのも、顧客ごとの接客を変えていくためのニーズから出てきているトレンドです。

これからは、多様な形でサイトに流入する顧客を理解し、それぞれの顧客に対しての顧客体験を変えていくためのサイトの継続的な改善活動も必要になってくるでしょう。

DMP
「Data Management Platform」の略。顧客情報や購買情報など様々な情報をビッグデータとして溜め込むことができ、そのデータを広告配信やサイト改善などの効率化に簡単に利用できる機能も含めたプラットフォーム・サービス。

CDP
「Customer Data Platform」の略。明確な定義はないが、顧客をベースとしたデータのプラットフォームの意味。DMPサービスを提供している事業者が、近年の顧客理解や顧客ごとの広告やサイト改善の最適化の重要性を認知したことで、より顧客のデータを溜め込み、分析して利用することを促進するという文脈で、CDPと呼び始めています。

CRM
「Customer Relationship Management」の略。継続的に顧客との関係性を築くために、顧客の情報管理、顧客との関係性の管理をした上で、顧客との関係性作りのための施策を実施する手法も含めたマネジメントの総称です。

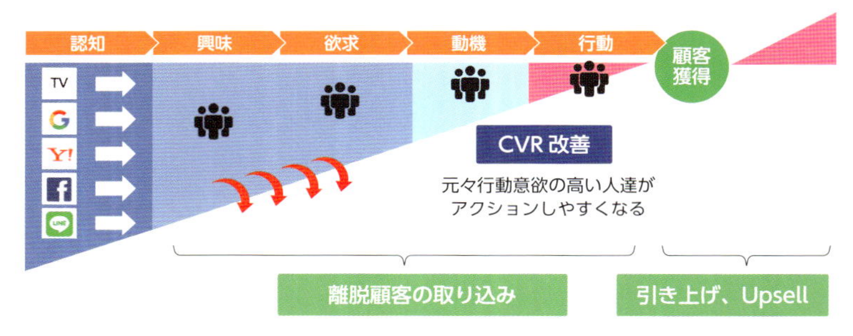

Webサイト上での顧客体験改善の重要性

改善STEP①

ビジネスモデルを整理し、KPIを設定する

私たちは、A/Bテストなどの改善活動を、次の四つのプロセスで行っています。

最初のステップでは、ビジネスモデルを整理し、KPI*を設定します。右の図はKPIの必要性を表しています。

KPI
「key performance indicator」の略。「重要業績評価指標」などと訳される。企業あるいはチームや個人の活動の評価をするためにとり決める指標のことを指します。

改善プロセス

❶改善の定義

ビジネスモデルを整理し、KPIを設定する

❷どこを改善するか？

分析によりサイトの現状を分析し、ボリュームが大きく、離脱などの負が大きい箇所から着手する

❸何を改善するか？

ページごとにUI/UXの課題の仮説を立て、効果が高いと考えれる観点から改善する

❹改善

パターンを制作して、テストしてみる

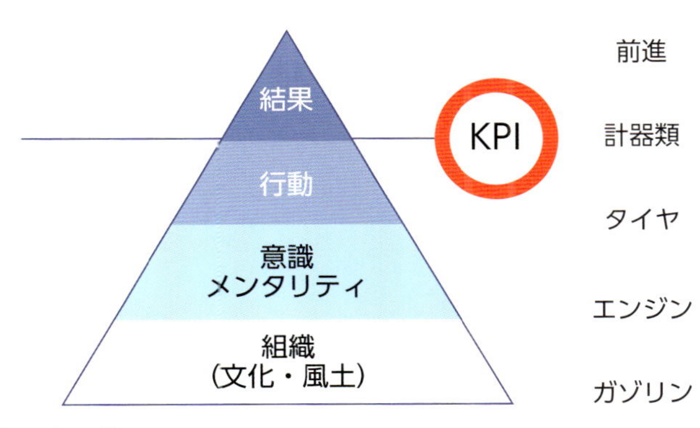

KPI設定の必要性

KPIの必要性は、端的には、行動とその結果を紐付け、「見える化」するためのものと言えます。車に例えるならばメーターなどの計器類のようなもので、「どれだけ踏み込んだら、どれだけ進むのか？」ということです。これを把握し、チューニングするには、「今何キロで走っているのか？」がわかる必要がありま

す。

KPIの設定とトラッキングにより、行っている施策が正しいのか、間違っているのか、どのようにチューニングすれば良いのかがわかります。

また、改善活動は、単に施策を打つ(「行動」)だけでは足りません。短期に結果が出ても出なくても、継続的な改善活動をし続ける必要があるという「意識、メンタリティ」も重要ですし、それを許容し、チームに権限を与える組織文化や風土も重要です。

KPIは、最上流の目的、つまり所属する会社の目標やKGI*から逆算する必要があります。個人のミッションや目標から逆算してしまうと、会社の目標、組織の目標との繋がりが見えず、会社やチームが求めていない成果を追いかけてしまう可能性があるからです。

右の図表のように、目標として売上や粗利、利益などの会社の目標から逆算した時に、EC*であれば販売UU*はどの程度あれば良いのか、そのためのサイト訪問数はどの程度必要なのか、そのための集客トラフィックは、SEOなどの無料集客ではどの程度必要で、広告などの有料集客ではどの程度必要なのかまで分解し、紐づけることで、自分がどの指標を追いかけるべきかが見えてきます。

まずは、自分の会社のビジネスを、このような大枠で捉えてみましょう。

KGI
「key goal indicator」の略。「重要目標評価指標」などと訳される。KPIが業績など特定領域の数字であることに対し、KGIは、特に企業の目標・目的と重なる指標・数字であることが大事です。

EC
「E commerce」の略。インターネットサイト上におけるモノ・コト・サービスの売買全般を指します。

UU
「Unique User」の略。「ユニークユーザー」という呼ばれ方、利用のされ方をします。サイトに“本当に”訪れたユーザ数の数。PVは「Page View」の略で“本当に訪れたかどうか関係なく”単なるページの閲覧数です。

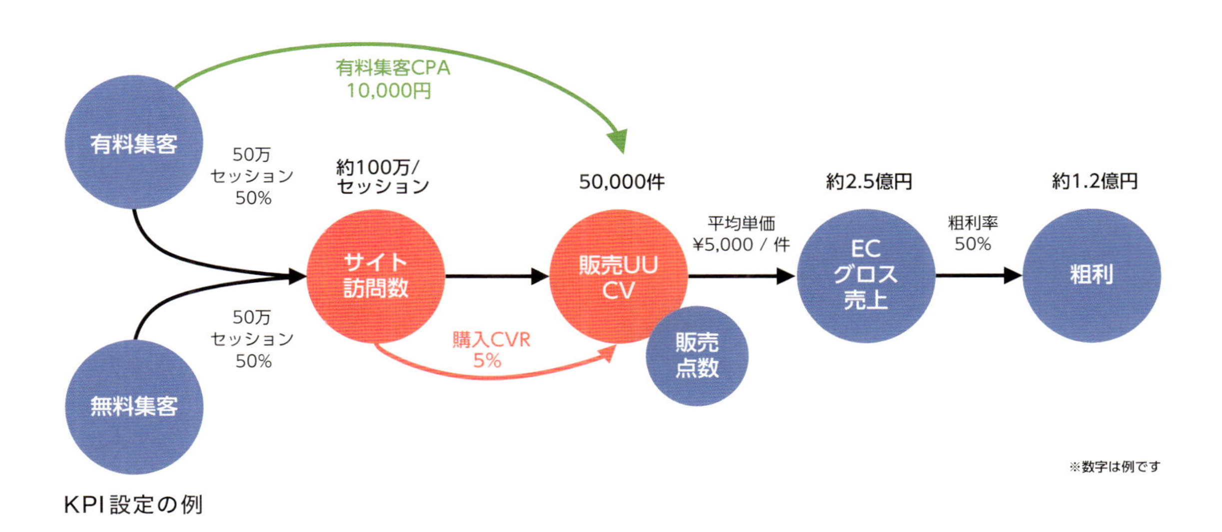

KPI設定の例

それでは、KPIにはどのような種類があるのでしょうか。KPIは目的やサイトの属性、商材、業界などでKPIは異なります。

ECサイトであれば、注文数や客単価、サブスクリプションであれば無料会員、有料会員、退会数などが重要指標と言えます。

主要なKPIが見えてきたら、今度はより最小単位に分解してみましょう。

金融型	・口座開設数	・アクティブ（取引）数		
リード獲得型	・登録数	・資料請求数		
サブスクリプション型	・無料会員数	・有料会員数	・退会数	
EC型	・売上高	・注文数	・客単価	・購買頻度

ビジネスの型によって目的とするKPIは異なります

下の図は「売上金額」のKPIを因数分解したものです。

ECサイトにおける売上金額は、訪問回数とCVR、客単価の掛け合わせで算出されます。

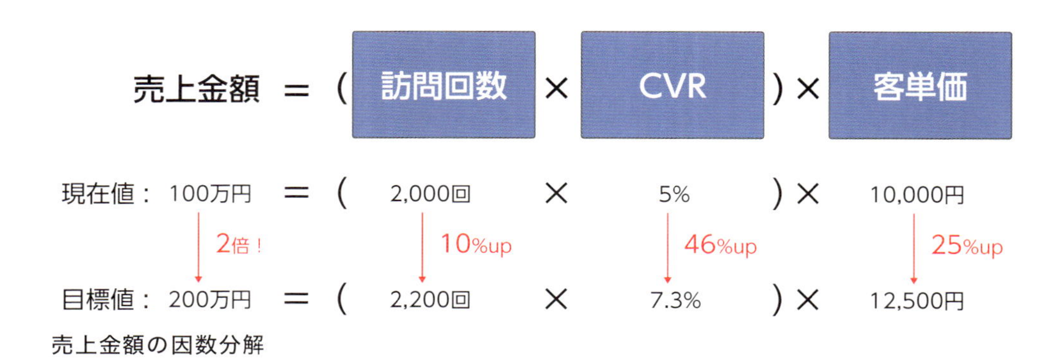

売上金額の因数分解

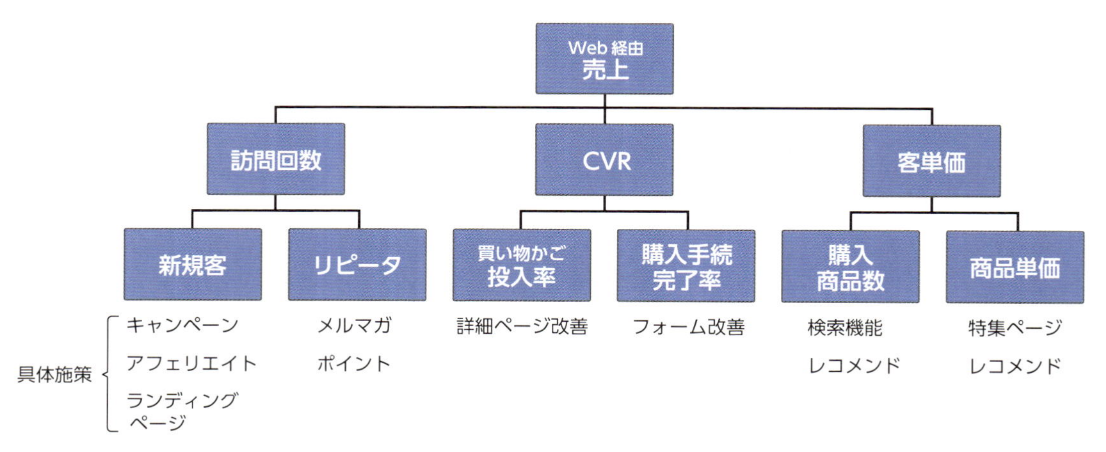

KPIツリーと具体施策

例えば会社として売上を2倍にしようという目標があったとします。2倍と聞くと遠い目標のように聞こえますが、因数分解したサブKPIでそれぞれ考えれば、「訪問回数を10%、客単価は25%、CVRを約50%上げればいい」と具体的で実現可能なアクションが見えてきます。

チームに人数がいる場合は、それぞれのKPIで役割分担をすることも有効でしょう。

KPIを更に細分化すると、具体的に実施すべき施策も見えてきます。

新規を増やしたいのであればキャンペーンやアフィリエイト、ランディングページの設置が効果的ですが、リピーターならメルマガやポイントサービスなどが有効でしょう。また、「買い物カゴに入れてもらえるけど、購入してもらえない」場合は、入力フォームに手間がかかっている可能性もあります。

KPIの設定時には、下記のように、SMARTであるかどうかもチェックすることで、より適切な設計が可能になり、KPIが共通言語となり、数値ドリブンなチームになるでしょう。

SMARTな目標管理

- Specific＝テーマ・表現は具体的か？
- Measurable＝第三者が定量的に測定可能か？
- Achievable＝現実的に達成可能か？
- Result-oriented＝「成果」に基づいているか？
- Time-bound＝期限がついているか？

KPIが共通言語になる

改善STEP②
どこを改善するのか？

KPIを決めたら、次に、どこを改善するのかを決めていきます。改善する箇所を決めるためのロジックは大変シンプルで、「最も影響が大きいところから着手する」のが鉄則です。

最も影響が大きいとは、「最もボリュームが大きく」かつ「最も離脱が大きいところ」を指します。これらの数字は、アナリティクスツールで確認することができます。

このロジックで整理をする場合、まずは流入（ランディング先）のボリュームが大きいところから導線と数字を整理してみましょう。例えば、サービス名が著名なECサイトの場合は、TOPの指名流入が大きく、次に検索流入でカテゴリ一覧、商品名などでの詳細への流入が、大きいケースが挙げられます。

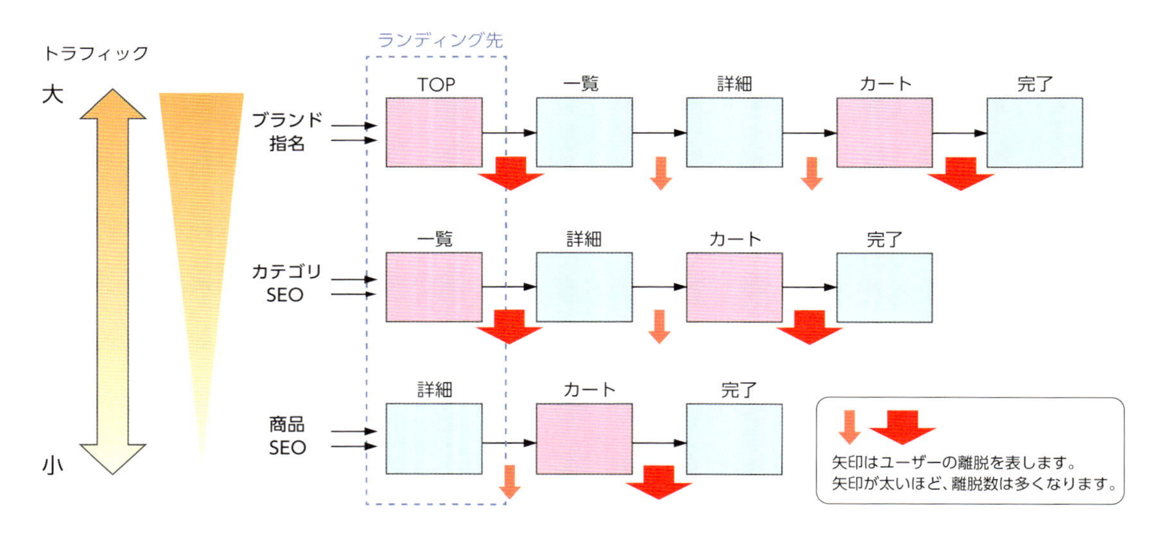

最も影響が大きいところ（最もボリュームが大きく、最も離脱が大きいところ）に着手する

①：カートから完了までの離脱が高い → 全てのページに共通して高ければ最優先
②：最も流入ボリュームの大きいTOPの離脱が高い
③：２番目に流入ボリュームの大きい一覧の離脱が高い

ここで、離脱の大きいところが、「TOPページからの離脱」「カートからの離脱」「一覧からの離脱」だったとします。

カートは全ての導線で共通する、コンバージョンに最も近いポイントですから、全ての導線において離脱が大きかったとすると、まずはカート画面の離脱という課題を解消するのが最も重要な改善箇所となります。

そして、最も流入のボリュームが大きいTOPページの離脱、次に大きな流入ボリュームの一覧の離脱がここでは改善すべき対象となるでしょう。

このように、ファクトをベースに、最も影響の大きなところから着手することが重要です。

このケースにおいて、「詳細ページが使いづらいから改善したい」という、ロジックのない意見があった時には、対象の優先順位を下げるなどの判断がしやすくなります。

改善STEP③ 何を改善するのか？

改善する対象のページが決まったら、次はそのページで何を改善するか、「テスト観点」を決定していきます。

テスト観点は、ページの種別ごとに異なります。

ここでは、ページ種別ごとの観点設計において重要な用語説明と、テスト観点設計のポイントを見ていきます。

ランディングページ（LP）について

ランディングページは、TOPページなどの複数目的や導線が存在するページではなく、主に新規顧客獲得時などの**特定目的のアクションのみを誘導するようなページ**を指します。

ランディングページでよく用いられる用語は下記の通りです。

- **1st View：**
  PC／スマホなどデバイスの画面に最初に表示されるエリア、1st screenとも言います。
- **アイキャッチエリア：**
  1st Viewの中でも最初に目線が止まるエリアのことを指します。
- **コピー：**
  主にアイキャッチエリアに書かれるサービスを体現するコピーライティングのことを指します。
- **アクション導線：**
  そのページで最もアクションして欲しいボタンやその周辺エリアを指します。
- **2nd View 以降：**
  スクロール後の、1st View以降を指します。

ランディングページでのパフォーマンス改善に効く観点は下記の通りです。

❶入り口＝1st Viewの改善

入り口となる1st Viewで、ユーザーが求める情報を適切に配置し離脱を防ぎ、アクションまでの動機形成を促す改善を行う。

例：アイキャッチエリアの画像やコピーの変更、訴求ポイントの伝え方や絞り込みなど

❷出口＝アクション導線エリアの改善

アクションを迷わないようにさせるコピー・クリエイティブの検証

と、申し込みの後押しや不安要素の排除となる情報を付近に配置することによってモチベーションを高める。

例：コピーの変更、アクションの後押しとなる情報や訴求ポイントの追加など

❸ 2nd View以降の最適な導線・情報設計

ユーザーにとって必要な情報が足りているか、また最適な順番（優先度）で提供できているかを検証する。

例：2nd View以降のコンテンツの配置や順番、適切な場所でのアクション導線の再配置など

主に1st Viewでアクションするユーザーが多いことから、いかに1st Viewの中で当該サービスの魅力を伝えきり、ユーザーにアクションするモチベーションを作らせるか、また、1st Viewでアクションしないユーザーに対して、2nd View以降でいかに補足情報を配置し、アクションさせるかがポイントです。

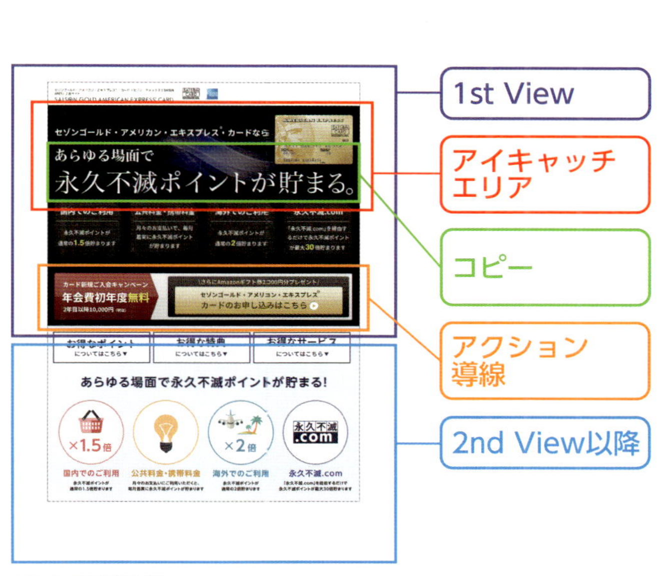

LPの用語説明

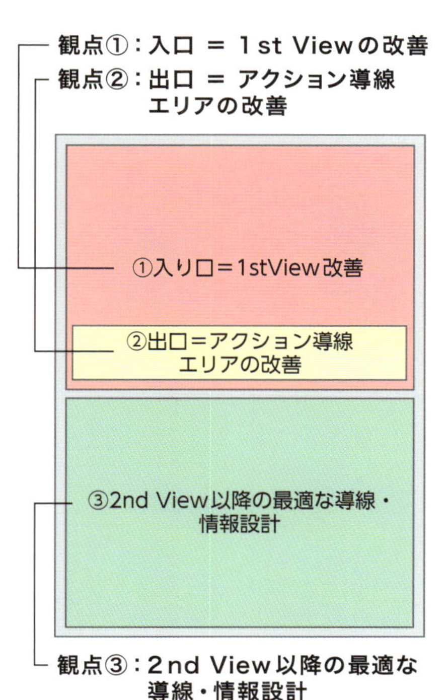

LPの改善説明

一覧ページについて

一覧ページは、主にTOPページやカテゴリTOPページから検索された後の結果一覧ページです。SEO*で直接流入するケースも多いでしょう。

一覧ページでよく用いられる用語は下記の通りです。

> **SEO**
> 「Search Engine Optimize」の略。GoogleYahooなどの検索エンジンで検索した際に、結果画面に上位表示される為の様々な施策(Optimize:最適化)を指します。

- **検索・絞り込みエリア:**
  検索条件の絞り込み、並べ替えなどを実施するエリア。
- **カセット:**
  検索結果の1セット(画像、タイトル、価格など)をカセットと呼びます。
- **コンテンツエリア:**
  カセットが並ぶエリアを指します。

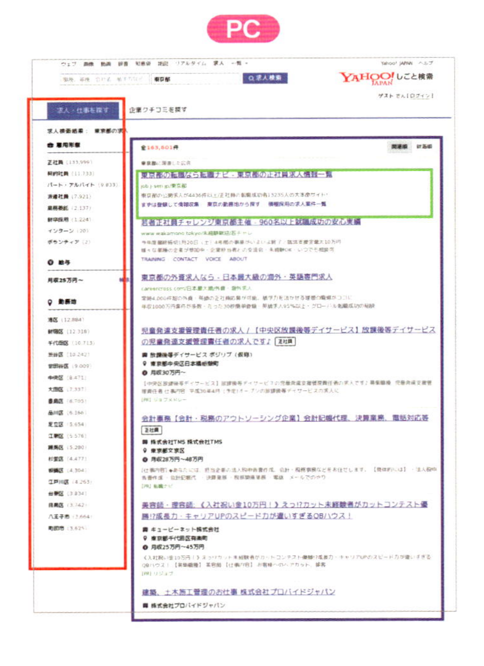

一覧ページの用語説明

一覧ページの目的は、詳細ページにユーザーを遷移させることです。

そのためには、コンテンツの表示エリアでの一覧性が優れていて比較・選択の判断がしやすいこと、また検索・絞り込み・再検索がいかにしやすい状況になっているかが重要です。

一覧ページでのパフォーマンス改善に効く観点は下記の通りです。

❶絞り込み・並べ替え、再検索性改善

ユーザーが求める情報に辿り着きやすくできるか？ また再検索性の向上。

例：絞り込み・並べ替えのデザイン・配置

❷コンテンツ表示エリア改善

ユーザーが求める情報を適切に提供できているか？

例：情報（画像、価格、詳細情報、レビューなど）の優先度を変更、カセットの表示のコンパクト化、閲覧性・一貫性の向上など

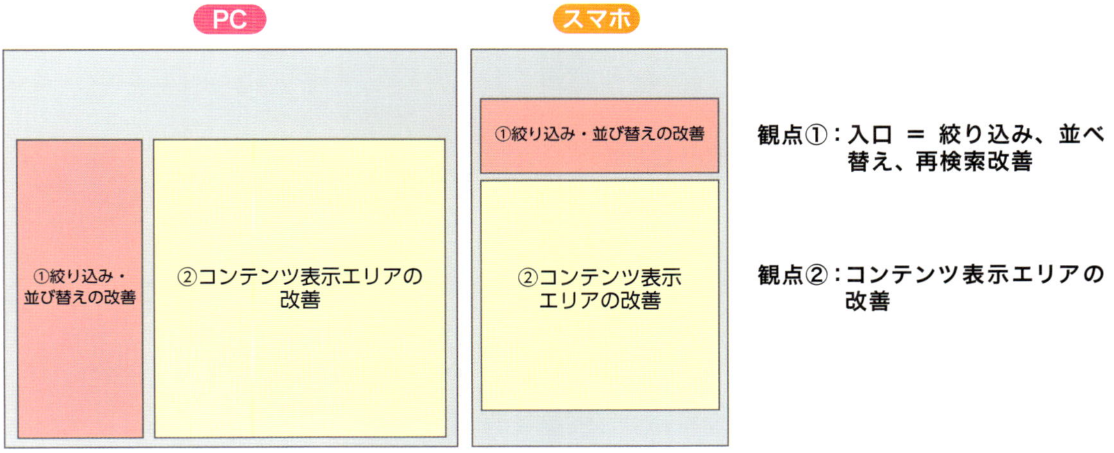

一覧ページの改善説明

詳細ページについて

詳細ページは、主に一覧ページから遷移する、特定の商品の情報が詳細に書かれているページです。SEOで直接流入するケースも存在します。

詳細ページでよく用いられる用語は下記の通りです。

- **コンテンツエリア：**
  商品タイトル、商品画像、価格、スペックなどの情報が記載されるエリア。
- **アクション導線：**
  カート投入、申し込み、予約などのアクション導線。
- **レコメンドエリア：**
  他商品のレコメンドなど、回遊させるためのエリア。

詳細ページの目的は、最後に購入などの判断をしてもらい、アクションしてもらうことです。そのためには、ユーザーの意思

コンテンツエリア
アクション導線
レコメンドエリア

詳細ページの用語説明

決定に重要な特定商品の情報がわかりやすくコンテンツエリアに配置されていること、またアクション導線がわかりやすく、意思決定できる情報の近くに配置されていることが重要です。

詳細ページでのパフォーマンス改善に効く観点は下記の通りです。

❶コンテンツエリア改善

ユーザーが求める情報を適切に提供できているか？

例：情報（画像、価格、詳細情報、レビューなど）の優先度を変更し、どの情報がCVの起因になっているかの検証

❷出口＝アクション導線エリア改善

アクションを迷わないようにさせるコピー・クリエイティブの検証と、申し込みの後押しや不安要素の排除となる情報を付近に配置することによってモチベーションを高める改善を行い、出口で取りこぼしがないようにしていく。

例：コピーの変更、アクションの後押しとなる情報や訴求ポイントの追加など

❸レコメンドエリア改善

他詳細・一覧への回遊性が促せているか？ この商品ではないとなった時に、他詳細・一覧への回遊性が促せるようなレコメンドエリアの見せ方・配置を検証していく。

例：レコメンド商品の設定

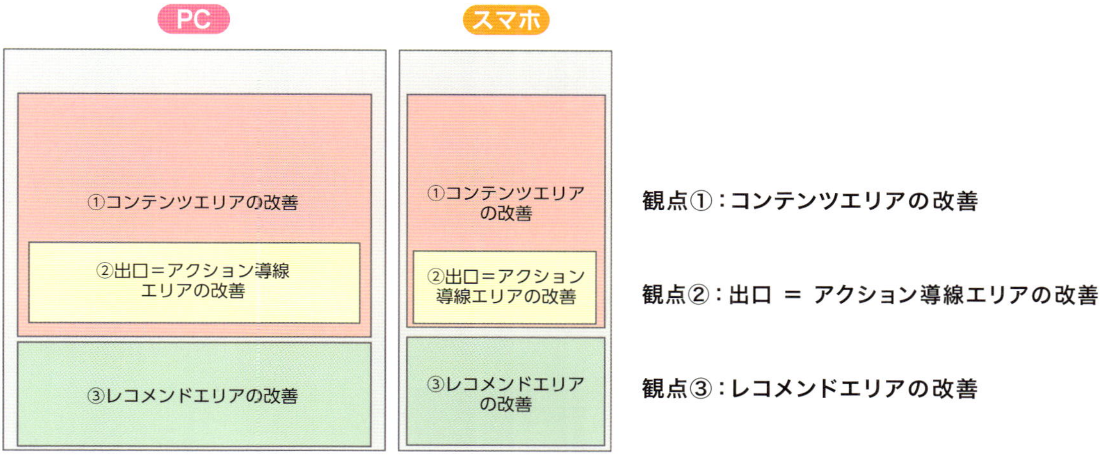

PC

①コンテンツエリアの改善

②出口＝アクション導線エリアの改善

③レコメンドエリアの改善

スマホ

①コンテンツエリアの改善

②出口＝アクション導線エリアの改善

③レコメンドエリアの改善

観点①：コンテンツエリアの改善

観点②：出口 ＝ アクション導線エリアの改善

観点③：レコメンドエリアの改善

詳細ページの改善説明

フォームページについて

フォームページは、詳細ページから遷移し、最後のアクションを完了させるために必要な情報を入力してもらう画面です。

フォームページでよく用いられる用語は下記の通りです。

- **アイキャッチエリア：**
  選択した商品の表示や入力の簡易さを伝えるアイキャッチエリア。
- **入力エリア：**
  必須、任意などの入力項目エリア。
- **アクション導線：**
  カート投入、申し込み、予約などのアクション導線。

入力フォームページの目的は、最後のアクション完了に必要な情報を全て入力完了してもらうことです。そのためには、改めて入力のモチベーションが落ちないためのアイキャッチエリアでの訴求、および入力の手間・負荷を最大限下げた入力エリアと

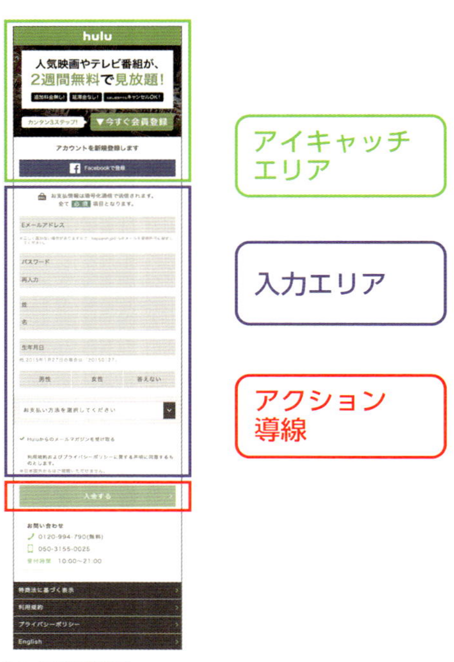

フォームページの用語説明

わかりやすいアクション導線が必要です。

入力フォームページでのパフォーマンス改善に効く観点は下記の通りです。

❶アイキャッチエリア改善

最後までアクション（入力）を継続できるように、1st Viewでモチベーションを高める＆不安を取り除けるような情報を配置し改善を行う。

例：入力STEPの記載、サービスのメリットや選択した商品の記載などの改善

❷入力エリア改善

アクションをスムーズに行わせ、迷いをなくせるように入力エリアの改善を行う。

例：フォームを目立たせる、入力順番を変える、必須、任意エリアの整理など

❸出口＝アクション導線エリア改善

アクションを迷わないようにさせるコピー・クリエイティブの検証と、申し込みの後押しや不安要素の排除となる情報を付近に配置することによってモチベーションを高める。

例：ボタンを目立たせる、ボタンのコピーを変える

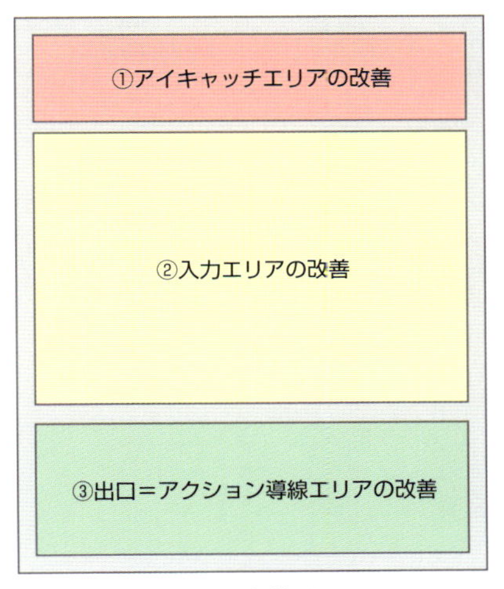

観点①：アイキャッチエリアの改善

観点②：入力エリアの改善

観点③：出口 ＝ アクション導線エリアの改善

フォームページの改善説明

コピーについて

1章の最後にコピー（コピーライティング）についてお伝えしたいと思います。

なぜコピーを取り上げているかというと、コピーの改善こそ、「細部に神が宿る」ものであり、コピーを変えるだけで驚くほど大きな効果を得られることがあるからです。

効果が出るコピーのポイントは、下記の３点です。

- 数字
- タイミング
- 比較・比喩

例えば、「会員登録」とただ書かれているボタンよりも、「30秒で会員登録！」と書かれている方が、登録のハードルは心理的にかなり下がります。ユーザーは、数字を見ることでより具体的なイメージを想起することができます。

「今ならXX」「今だけXX」「あとXX時間！」など、限定セールやタイムセールなどで良く見かけるような、タイミングに訴えかける方法も良いでしょう。

また、情報が溢れる昨今では、ユーザーは常に自然とサービスの比較行動を取っています。その中で、他と比較しやすいコピーになっていることは、ユーザーにアクションのモチベーションを上げる要素となるでしょう。

数字
「30秒で会員登録」

タイミング
「セール終了まであと3時間」

比較・比喩
「ワンランク上の使い心地」

また、NLP（Neuro Linguistic Programming（神経言語プログラミング））という、コミュニケーションの技法の中に、VAKモデルというものがあります。

> “人間は、「神経」（＝五感【視覚・聴覚・味覚・嗅覚・触覚】）と、「言語／非言語」の脳での意味づけによって物事を認識し、体験を記憶しています。
> そして、その認識や記憶は今までの人生体験に基づいて各人の中に「プログラミング」し、
> その「プログラミング」のとおりに自動反応し行動していると考えられています。”
> NLPより引用

VAKモデルは、下記の視覚、聴覚、身体感覚の頭文字を取ったものです。

- 視覚（Visual）
- 聴覚（Auditory）
- 身体感覚（Kinesthetic）

つまり、上記の3つの感覚に訴えかけるコピーは、人間に「プログラミング」された体験記憶に反応させるので、行動に繋がりやすいという原理です。

ただの「海」ではなく、「真っ青な海」というだけで天気の良い綺麗な大海原が想像できるのは筆者だけではないでしょう。これが体験記憶です。

聴覚であれば、「サクサクのXX」や、身体感覚であれば「ほっこりするXX」などのコピーがこれにあたります。

視覚（Visual）
例：こぼれスパークリング、真っ青な海

聴覚（Auditory）
例：サクサクの衣、川のせせらぎ

身体感覚（Kinesthetic）
例：プリプリの海老、ほっこり露天風呂

※NLPより

このように、ユーザー目線での心理的なポイント、また人間の五感に訴える学術的なモデルを用いたアプローチも含めて、コピーライティングは非常に奥の深い領域です。

本書の読者の皆様には、ぜひコピーの重要性と、「細部に神は宿る」ことを認識いただいた上で、２章以降の事例を体験して欲しいと思います。

第2章 A/Bテスト事例集

金融編

P48

金融業界は、主にオンラインで申込が完結するクレジットカードの発行、保険の申し込み、口座開設などの新規顧客獲得の強化と、既存顧客がオンライン上で取引を行うような銀行、証券などの口座取引の活性化が主なテーマです。

リード獲得編

P68

リード獲得とは、不動産、人材、自動車・バイク、マッチングのような、オフラインで最後の成約が行われるモデルにおける、オンラインからの送客（問い合わせ、来店予約など）の最大化が主なテーマです。

サブスクリプション編

P112

サブスクリプションは、昨今のビジネスモデルに非常に多い、月額定額サービスのことを指します。動画や電子書籍などのコンテンツ視聴の月額会員登録、インフラやツール系のサービス申し込みの新規顧客獲得最大化が主なテーマです。

EC編

P136

ECは、物販を中心とした、サイト上で購買が完結する形式のモデルを指します。取り扱い商品数の多さ／少なさによってページ構成が大きく異なりますが、購買ユーザ、購買数の最大化が主なテーマです。

言いたいこと詰め込んじゃってる問題

PC LP 金融

このサイトは、クレジットカード会社のクレディセゾンが展開しているゴールドカードの申し込みランディングページです。

- 1st Viewでユーザーの目に入ってくる訴求ポイントが多い
- アクション導線が多く、何をして欲しいのかがわかりづらい

申し込み数を増やせたのはどちらの案か?

B案が支持された!!

- 訴求ポイントに優先順位をつけた
- アクション導線を申し込みに絞り、そのアクションの後押しに集中させた

Consideration

ワンメッセージで勝負しよう

ランディングページでは、1st Viewでユーザーに意思決定しアクションをしてもらうために、アイキャッチエリアに、何の訴求を、どういうメッセージで伝えるのかが大変重要です。
オリジナルでは複数の訴求が同列の優先順位で並んでいたために全体の訴求が弱くなっていましたが、「初年度無料」「永久不滅ポイントが貯まる」「Amazonギフト券」などそれぞれのメッセージを高い優先順位としたテストを実施した結果、「永久不滅ポイントが貯まる」というメッセージの優先順位を高くしたアイデアが一番高い結果を叩き出しました。
アクション導線もオリジナルでは2つあり、ごちゃついた印象がありましたが、シンプルに一つにした上で「初年度無料」というアクションの後押しをしたことで、うまくユーザの誘導ができています。

株式会社クレディセゾン PC

対象サイト	セゾンカード（http://www.saisoncard.co.jp/amextop/gold-cs/）
対象ページ	セゾンゴールド・アメリカン・エキスプレス®・カード申込ページ
流入元	リファラル/ダイレクト/オーガニック
流入ユーザー	30代、40代男性が中心

テーマ

アフィリエイトっぽくて安心感が弱い問題

LP 金融 スマートフォン

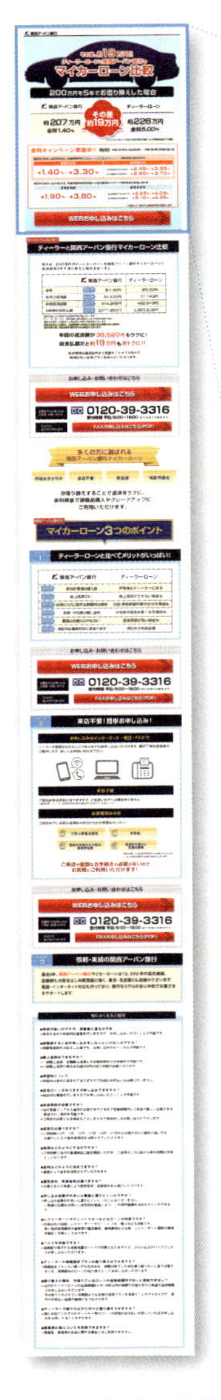

関西アーバン銀行が展開しているマイカーローンのWeb申し込みランディングページです。

- 「ローン比較」のコピーが強くアフィリエイトのような印象
- 「関西アーバン銀行」の商品である旨の訴求が弱い

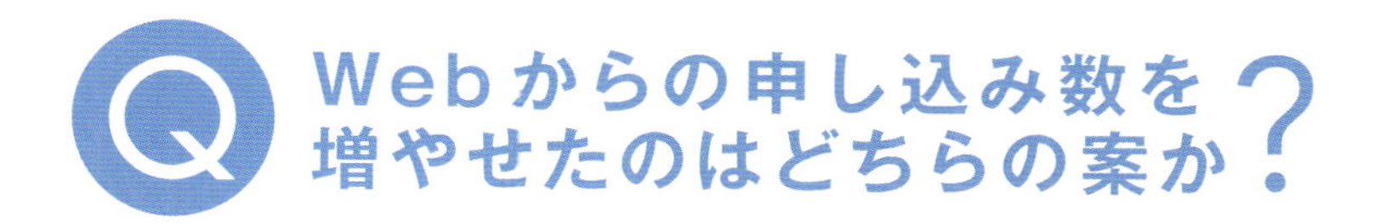
Q
Webからの申し込み数を
増やせたのはどちらの案か？

A案

関西アーバン銀行
マイカーローンなら関西アーバン銀行
＼比べてみてください！同じ借入金でもこんなに違う！／
約19万円も差がつく！
200万円を5年でお借り換えした場合
関西アーバン銀行
ディーラーローン
約207万円
金利1.40%
約226万円
金利5.00%
※ディーラーローンは当行の借り換え実績による平均的な金利で概算。
金利キャンペーン実施中!!
実施期間 平成30年5月1日(火)～平成30年9月28日(金)
期間内にお申し込みをされて、別途実施中の目的型ローン金利優遇キャンペーンの対象先に該当する方
変動金利型
年1.40%～年3.30%
固定金利型
返済期間が5年以内の方 年2.45%～年3.55%
返済期間が5年超の方 年2.60%～年3.70%
期間内にお申し込みをされて、別途実施中の目的型ローン金利優遇キャンペーンの対象先に該当しない方
変動金利型
年1.90%～年3.80%
固定金利型
返済期間が5年以内の方 年2.95%～年4.05%
返済期間が5年超の方 年3.10%～年4.20%
※審査により適用する融資利率を決定致します。
マイカーローンオンラインお申し込みはこちら

B案

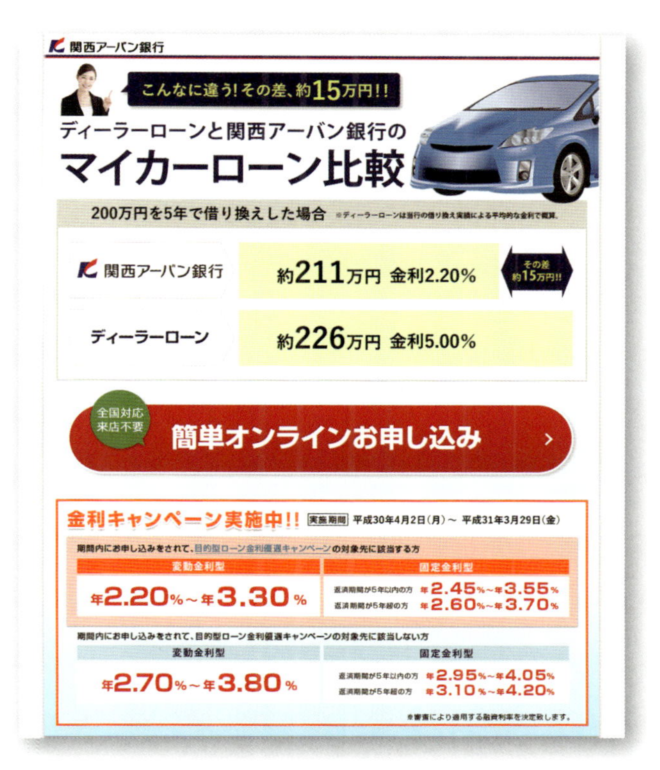
関西アーバン銀行
こんなに違う！その差、約15万円!!
ディーラーローンと関西アーバン銀行の
マイカーローン比較
200万円を5年で借り換えした場合
※ディーラーローンは当行の借り換え実績による平均的な金利で概算。
関西アーバン銀行
約211万円 金利2.20%
その差約15万円!!
ディーラーローン
約226万円 金利5.00%
全国対応
来店不要
簡単オンラインお申し込み
金利キャンペーン実施中!!
実施期間 平成30年4月2日(月)～ 平成31年3月29日(金)
期間内にお申し込みをされて、目的型ローン金利優遇キャンペーンの対象先に該当する方
変動金利型
年2.20%～年3.30%
固定金利型
返済期間が5年以内の方 年2.45%～年3.55%
返済期間が5年超の方 年2.60%～年3.70%
期間内にお申し込みをされて、目的型ローン金利優遇キャンペーンの対象先に該当しない方
変動金利型
年2.70%～年3.80%
固定金利型
返済期間が5年以内の方 年2.95%～年4.05%
返済期間が5年超の方 年3.10%～年4.20%
※審査により適用する融資利率を決定致します。

- トップに女性の写真を持ってきて安心感を増した
- 1st Viewのキャッチコピーでブランドを強調した

Consideration

企業ブランドの訴求も忘れない

金融業界、金融商品における金利比較などは、ユーザが求めている情報なのでサイトの要素として入れることが重要ですが、アイキャッチエリアで数値訴求のみをしてしまうと、よくあるアフィリエイトサイトのような印象になってしまい、不安感を持たれてしまいます。
勝ち案では、「関西アーバン銀行」の名前を含めた商品名を掲載し、柔らかい雰囲気の女性のオペレータの人物写真を利用することで、「このブランドなら安心」と思ってもらうような工夫がなされていることが、大きな効果に繋がったのだと思います。

株式会社関西アーバン銀行 PC

対象サイト	関西アーバン銀行 (http://www.kansaiurban.co.jp/shohin/loan/mokuteki/mycar_lp2.html)
対象ページ	ランディングページ
流入元	ダイレクト / オーガニック
流入ユーザー	30代、40代男性が中心

テーマ

字が多すぎて最後まで読みたくない問題

スマートフォン　金融　確認ページ

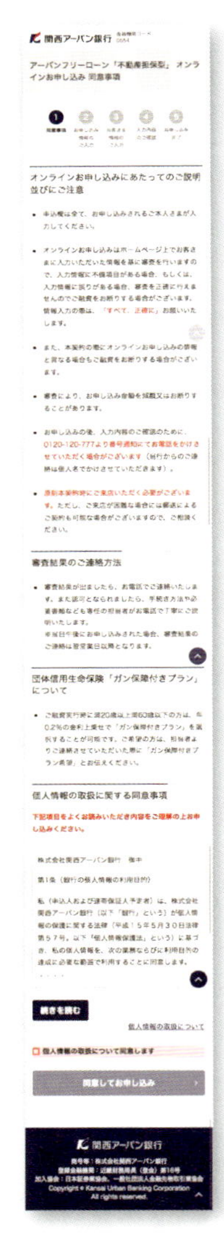

関西アーバン銀行が展開する各種商品をwebから申し込んだ際に表示される同意事項の説明ページです。法的に事前同意が必要な情報が記載されています。

- 画面いっぱいに文字が並んで圧倒されてしまう
- 読み手が読みたくなる構成になっていない

次ページへの遷移率を増やせたのはどちらの案か？

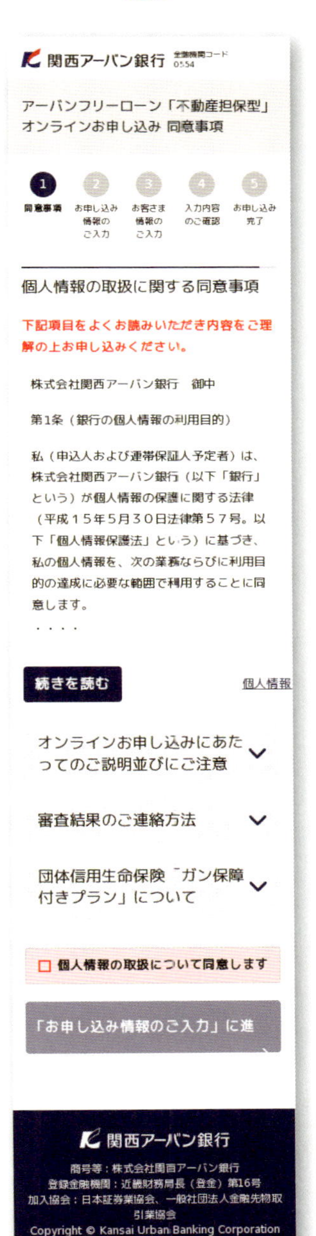

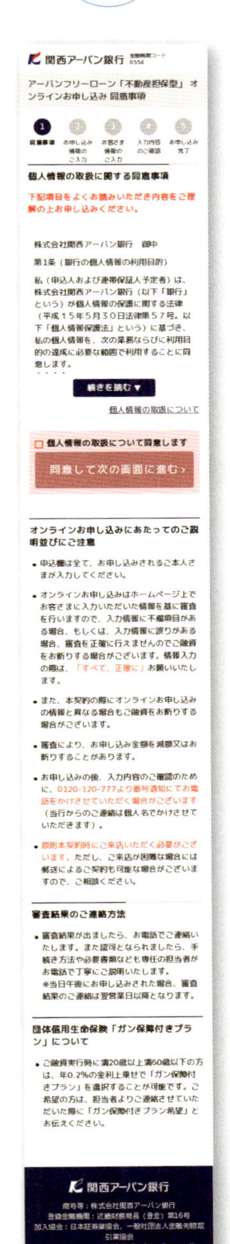

A案が支持された!!

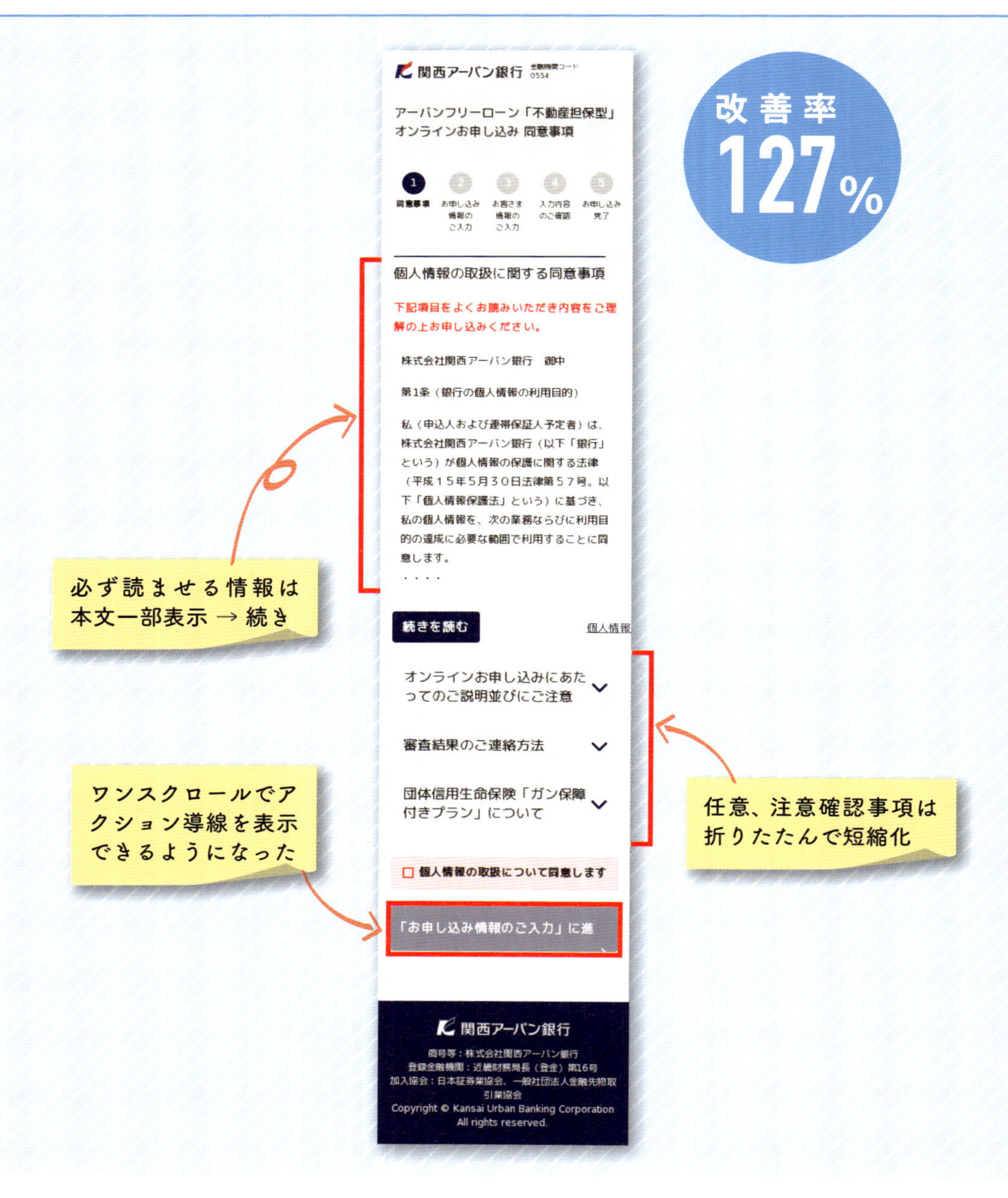

- 必ず読ませる情報は本文を見せ、任意、注意確認事項は折りたたみ、コンパクト化した
- ワンスクロールでアクション導線が見えるように工夫した

Consideration

「見せるべきもの」と「見せなくて良い」もの

確認画面などではありがちですが、メリハリのないテキストの羅列や長いページについては、ユーザーは、「メリハリがないのでどこを読んだら良いのかわからない」「どこまで続くかわからない」とストレスを感じてしまいます。
必ず確認しなくてはならない情報、そうでない情報含めて、情報の優先順位を考えて表示すべき情報の絞り込みと見せ方を考えましょう。
本ページの場合は、法的観点での伝えるべき事項もあるため、「確実に見てもらう必要がある情報」と「補足する情報」に分け、前者は本文を見せることで確認のハードルを下げ、後者は折りたたむことで全体をコンパクトにすることに成功し、結果的にアクション導線までの道のりも短くなり、ユーザーのストレスが全体として軽減できた好事例です。

株式会社関西アーバン銀行 スマホ

対象サイト	関西アーバン銀行 (https://www.kansaiurban.co.jp/order/free-loan1/agree)
対象ページ	アーバンフリーローン_同意画面ページ
流入元	ダイレクト/オーガニック
流入ユーザー	30代、40代男性が中心

テーマ

新規ユーザーが迷ってしまう問題

金融 PC マイページ

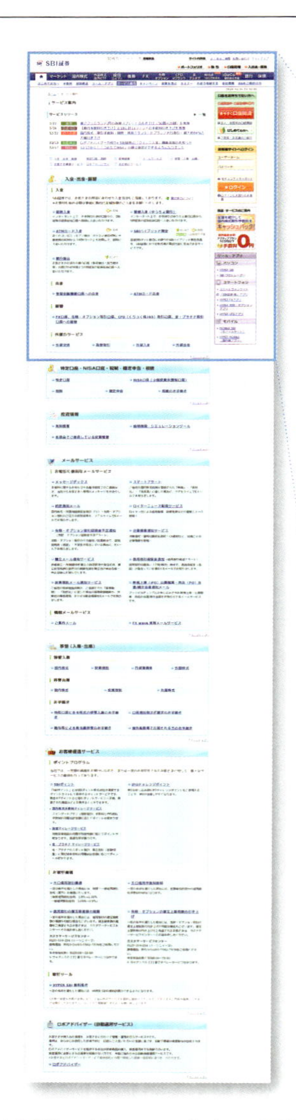

SBI証券ではWeb上から証券口座の申し込みができます。本ページは入金方法など、各種サービスのご案内ページです。

- 機能が豊富で専門用語も多く、登録してすぐ何をやればいいのかがわかりづらい
- テキストが多く、情報の優先順位が不明

入金操作をしてくれたのはどちらの案か？

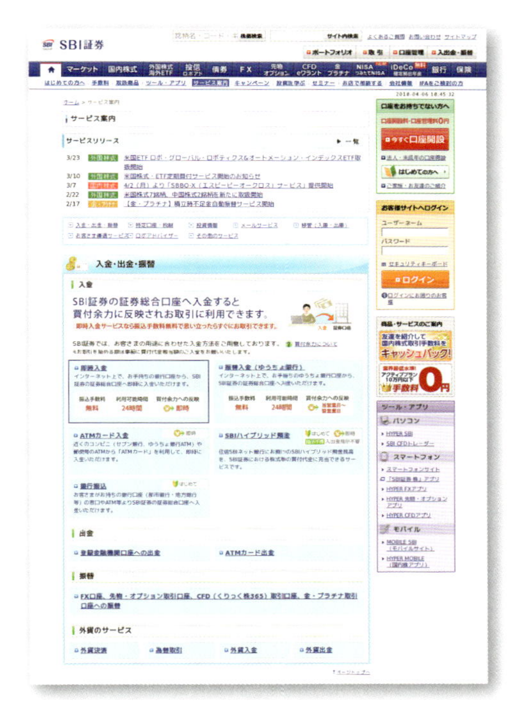

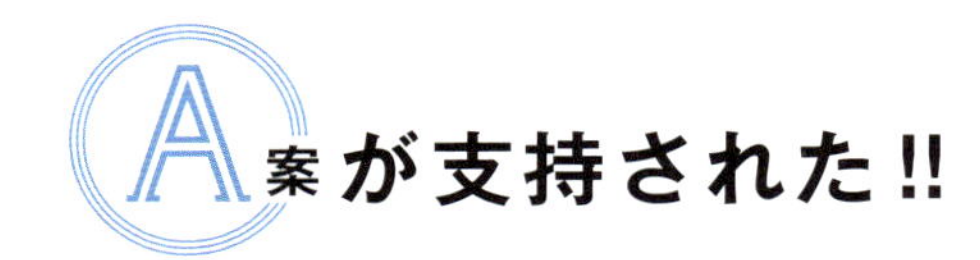

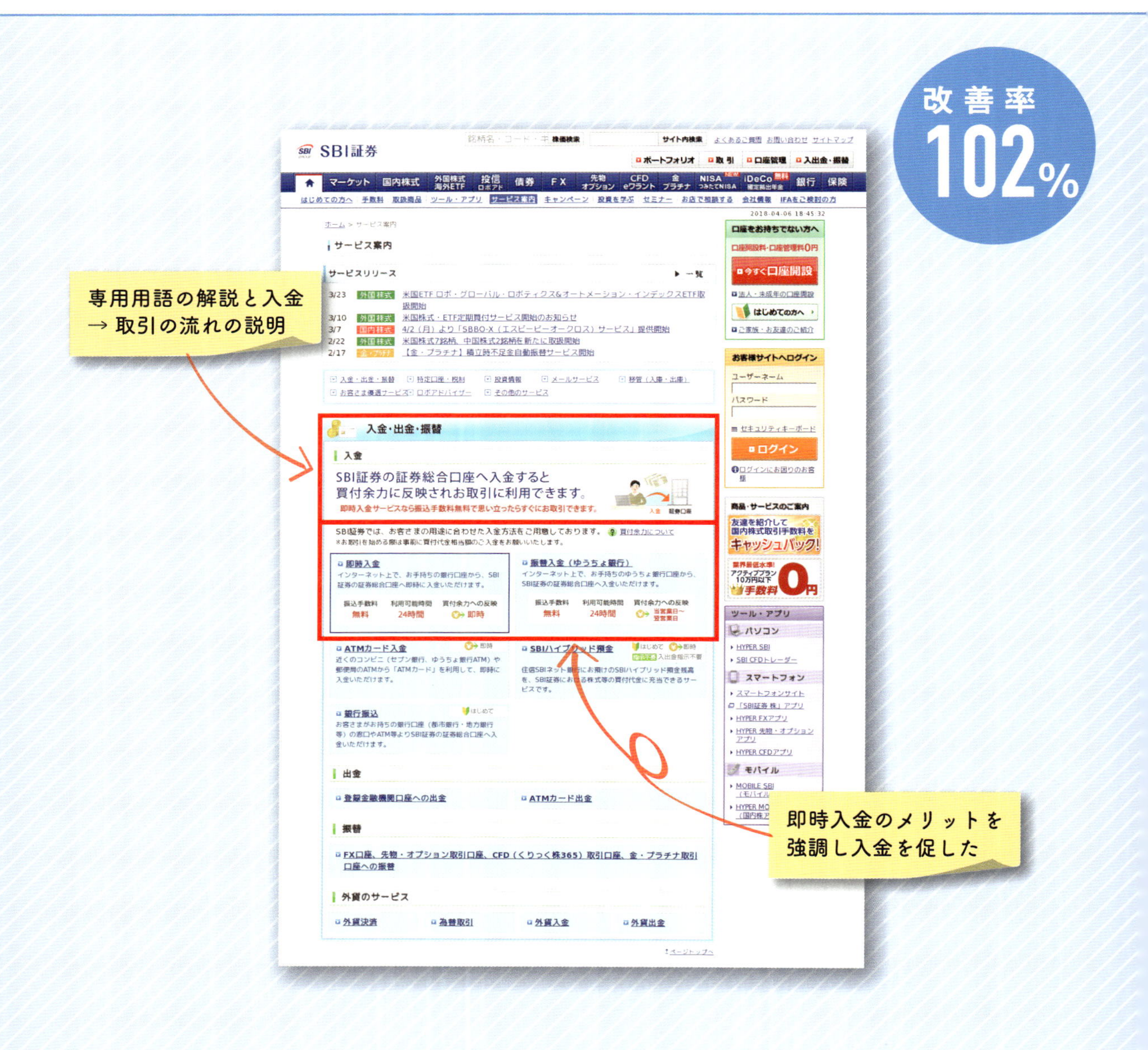

- 専門用語の簡単な解説と入金 → 取引の流れをアイキャッチエリアで伝えた
- 入金のメリット訴求により入金を促した

Consideration

何のアクションをすべきかを導いてあげましょう

「知識がないとわからない」「リンク先に行かないとわからない」という状況を解消することを意識しましょう。本ページでは、1st Viewで「買付余力とは何か」「入金すると何ができるか」など初めて利用したユーザーが何をやるべきかを示しました。さらに、入金手数料や利用可能時間、いつ買付余力に反映されるのかを後押しコメントとして追加しています。即時入金のメリットについても、訴求ポイントを目立たせることで、入金アクションが増える結果に繋がっています。
情報の優先順位をつけて、必要な情報を絞ることも大事ですが、情報が関連づけられて流れの中で伝えたいことを伝えられるかどうかも考えてみましょう。

株式会社SBI証券 PC

対象サイト	SBI証券（https://www.sbisec.co.jp/ETGate/WPLETmgR001Control?OutSide=on&getFlg=on&burl=search_home&cat1=home&cat2=service&dir=service&file=home_service.html）
対象ページ	サービス案内ページ
流入元	ダイレクト / オーガニック
流入ユーザー	30代、40代男性が中心

説明はいいけど アクションどうやるの問題

金融 PC マイページ

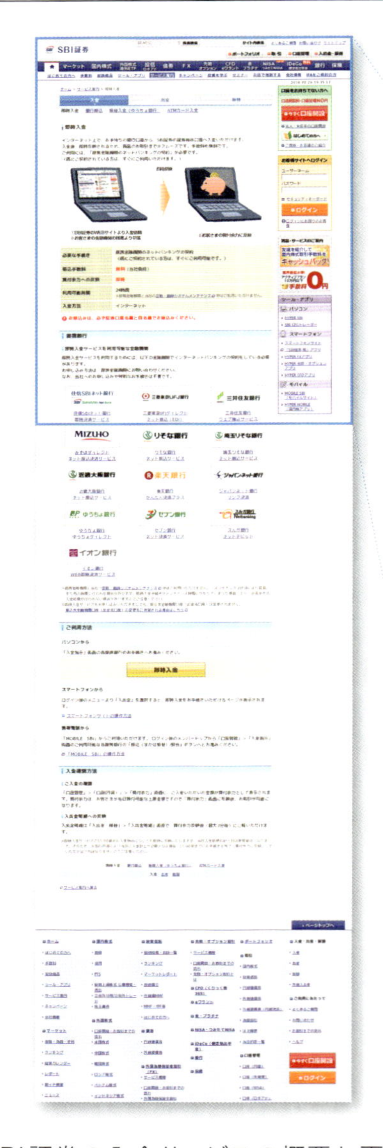

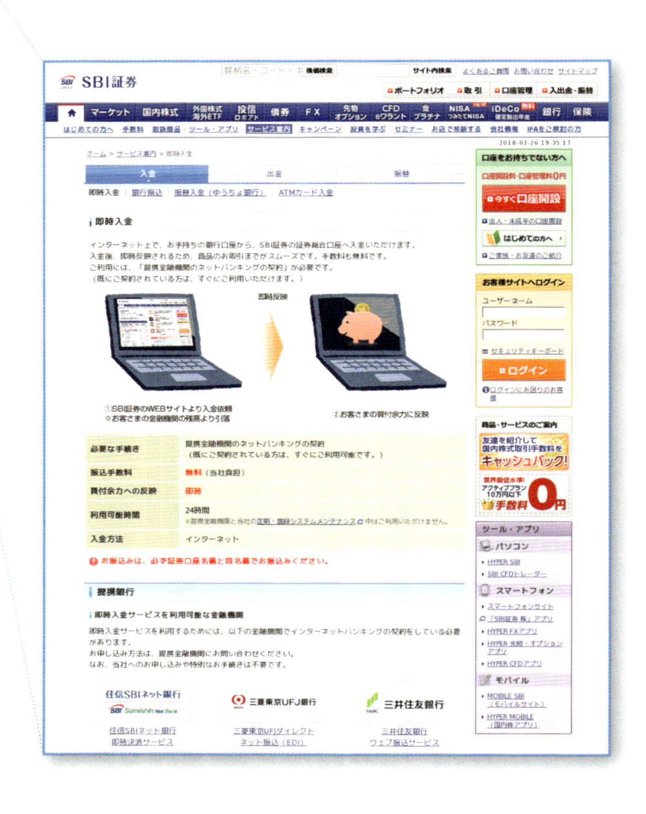

SBI証券の入金サービスの概要と画面操作方法を説明するページです。

▶ **即時入金の説明のあとに入金できるアクション導線がなく、入金につながりづらい**

即時入金の操作をしてくれたのはどちらの案か？

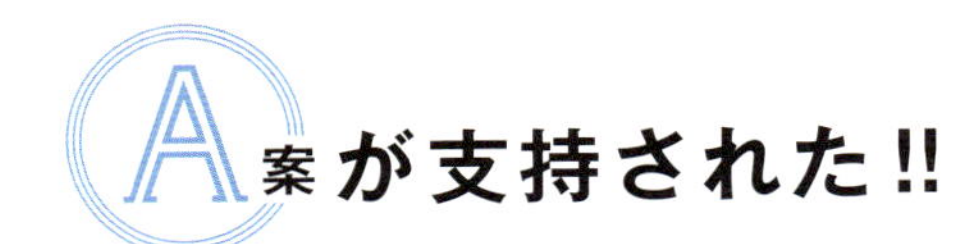

- 即時入金のアクション導線を1st Viewに設置した
- 「入金する」の不安を解消するため、女性の画像と「手数料0円」を配置し安心感を持たせた

Consideration

アクションを スムーズにさせるという 目的を忘れない

「即時入金」や「入金」の説明ページの役割として、不安や「わからない」状態を解消するために、用語の説明はもちろんですが、その不安が解消できた時に、次にどういうアクションをすれば良いのか、導いてあげることは大変重要です。
本ページでは、わかりやすく入金のアクションによりどう変わるのかを、女性オペレーターの写真と共に掲載することでユーザーの心理不安を下げ、その下にすぐに「入金」のアクションを設置したことで、スムーズに入金アクションをさせることに成功しています。

株式会社SBI証券 PC

対象サイト	SBI証券（https://www.sbisec.co.jp/ETGate/WPLETmgR001Control?OutSide=on&getFlg=on&burl=search_home&cat1=home&cat2=service&dir=service&file=home_in_soku.html）
対象ページ	即時入金ページ
流入元	ダイレクト / オーガニック
流入ユーザー	30代、40代男性が中心

テーマ

アクション導線が埋もれてしまっている問題 その1

LP 人材領域

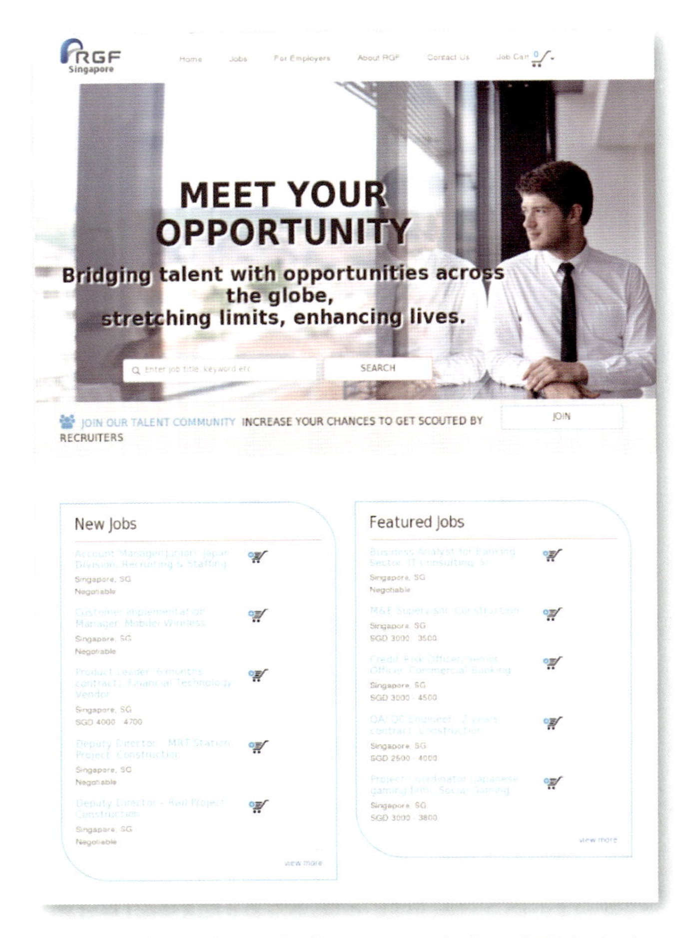

リクルートグループのシンガポール法人が提供している企業・求職者向けのコーポレートサイトです。求職者を主なターゲットとしたランディングページで、希望のキャリアに応じた求人を検索してもらい、希望のポジションが見つかったら会員登録をして、応募するための入り口となるページです。

- あまり検索機能が使われていない
- 検索ボックスが背景画像に埋もれて目立たない

求人情報の検索（アクション）数を増やせたのはどちらの案か？

A案

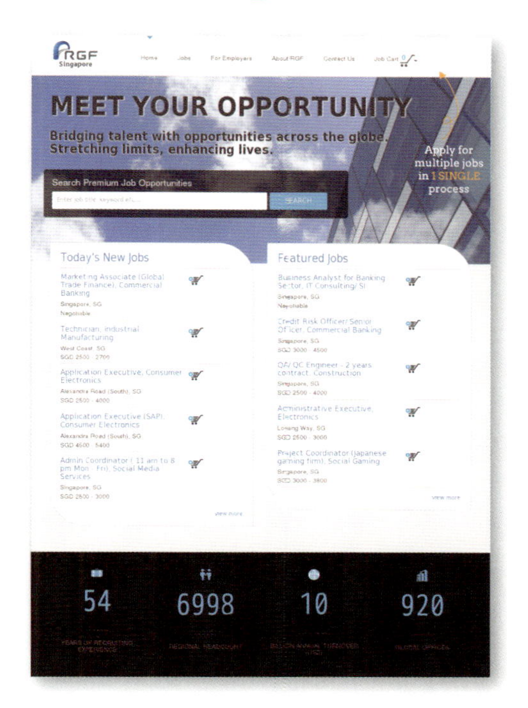

B案

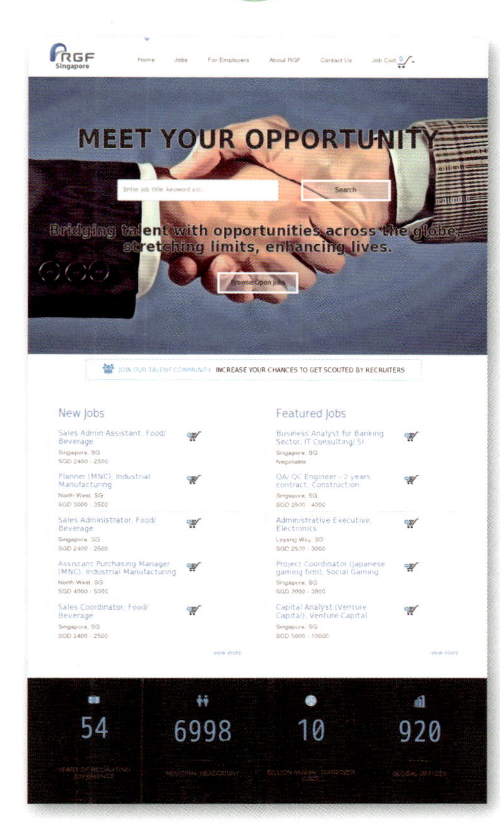

A案が支持された!!

- アクション導線の背景とアクションボタンを強調した
- ページ下部にオススメの求人情報を配置した

Consideration

アクション導線はハイライトで明確に！

オリジナルでは、その1とは逆にできる限りシンプルで見やすいサイトデザインを追求した結果、かえってアクション導線が目立たなくなってしまっていました。まずは背景に溶け込んでしまっていたアクション導線を背景を反転色で強調することで際立たせています。
当初はこれだけでも効果が出ていたのですが、もう一工夫を施し、ページ下部に「求人情報を検索した結果の画面」をイメージできるように、新着の求人情報などを配置しました。こうしたアクションした後の行動をイメージできる工夫は、その1と同じようなユーザーの背中を押す効果に繋がります。

RGF Executive Search Singapore（リクルートグループシンガポール法人） PC

対象サイト	RGF Professional（https://www.singapore.rgf-executive.com/）
対象ページ	ランディングページ
流入元	オーガニック、リファラル中心
流入ユーザー	30、40代男性

※2014年9月以降にロゴ、ウェブサイトは変更されています。

テーマ

検索結果が
ゴチャゴチャしている問題

求人 検索結果一覧 PC

「YAHOO! しごと検索」は、Yahoo!JAPANが運営している求人情報検索サイトです。本サイトは、求人情報を検索し希望する情報が見つかったらクリックして詳細を見ることができます。

- 検索はされているが、検索結果のクリック率が低い
- 文字の羅列になっており、一個一個の検索結果がわかりづらい

詳細ページへの遷移率を上げたのはどちらの案か？

案

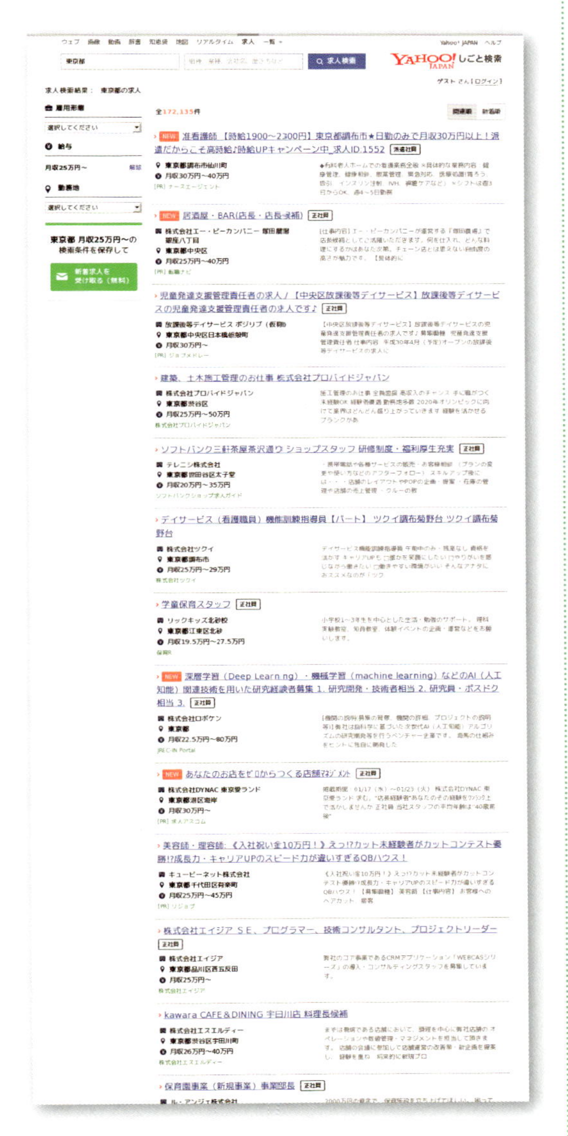

案

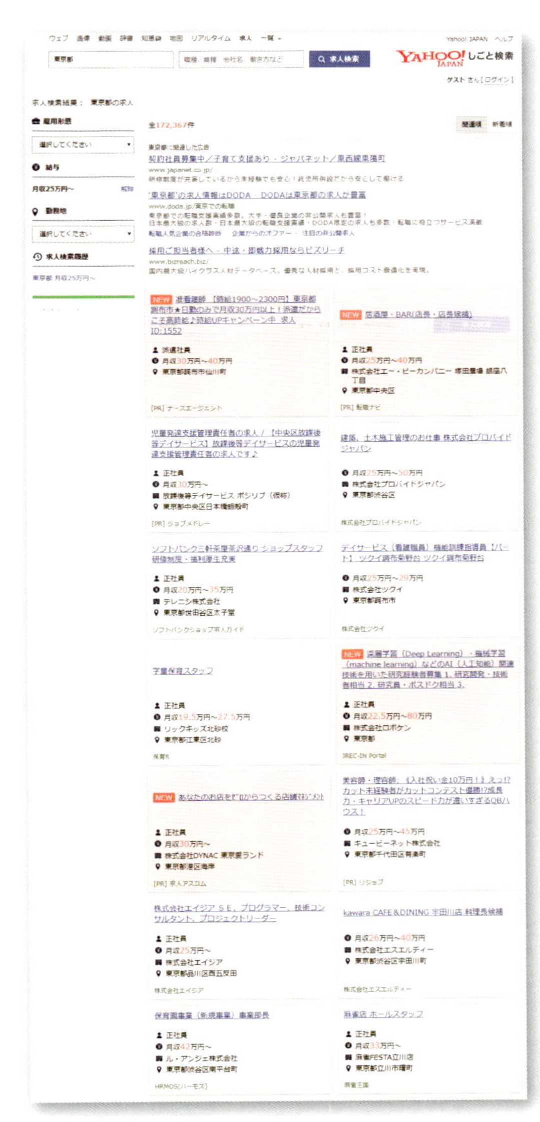

B案が支持された!!

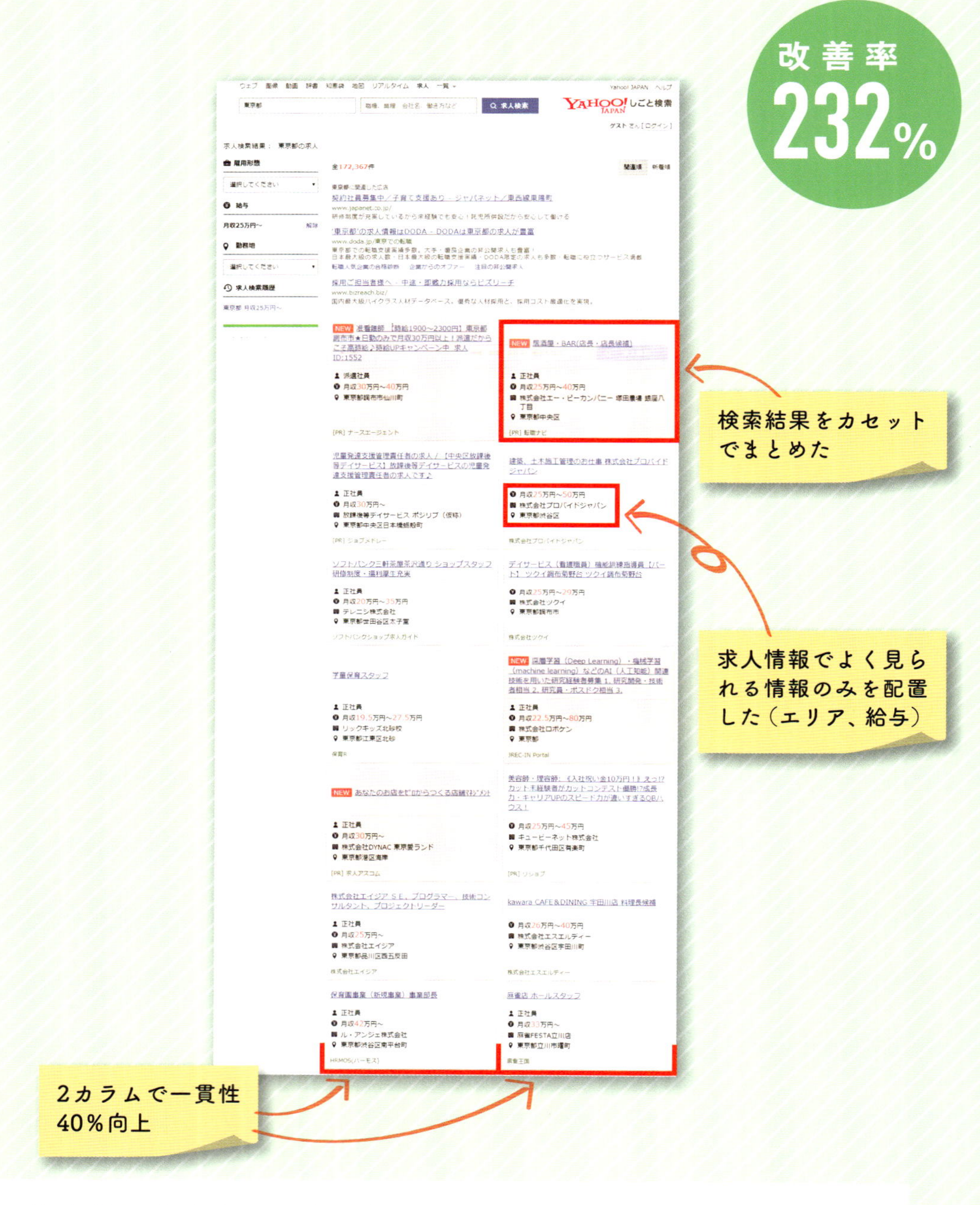

- 検索結果をカセット表示とし、2カラム化した
- 必要な情報が検索結果だけでも把握できるようにした

Consideration

整理されることで、「比較」できる

「検索結果」と言えば、縦にズラっと情報が並ぶイメージを持つかたは多いと思いますが、実は情報の選択はユーザーにとってストレスです。これがテキストだらけではなおさらです。
特に本サイトはユーザーの目的が「求人検索」と明確なので、給与、会社名、住所など情報を整理、フォーマット化し、1つひとつのカセットとして明確に区切ることで視覚的に検索結果を見て、比較ができるようになっています。こうした明確に「遷移する」ことを伝える、わかりやすく「情報を整理する」ことはクリック率の増加に繋がります。

ヤフー株式会社 PC

対象サイト	Yahoo!しごと検索（https://job.yahoo.co.jp/）
対象ページ	検索結果一覧ページ
流入元	リファラル/オーガニック
流入ユーザー	不明

テーマ

アクション導線どこかわからない問題

スマートフォン　自動車　詳細

IDOMが提供している中古車売り買いサイト「ガリバー」のWebサイトです。本ページは、ガリバーに登録している店舗の詳細ページ。連絡ができるよう電話番号や問い合わせフォームが用意されています。

- 電話や問い合わせフォームの場所がわかりづらい
- 1st Viewでアクション導線が見切れている

問い合わせ数を増やせたのはどちらの案か？

A案

MENU

保存した検索条件

お気に入り物件

ガリバーアウトレット8号福井店のご相談・お問い合わせ

店舗トップ	在庫紹介	店舗・地図情報
店舗ブログ	お客様の声	スタッフ紹介

売りたい!も買いたい!も

Gulliver OUTLETの当店にお任せ下さい!

買う どこよりも高価買取!

売る 点検済み車＋選べるサービスで安心＋おトク!

この店舗に電話で問合わせる ＞

この店舗にフォームで問合わせる ＞

カンタン問い合わせフォーム

すぐにお返事いたします（深夜を除く）

B案

ガリバーアウトレット8号福井店のご相談・お問い合わせ

クルマを売る　クルマを探す

お店を探す

中古車TOP ＞ 店舗検索 ＞ 福井県 ＞ 福井市 ＞

ガリバーアウトレット8号福井店のご相談・お問い合わせ

アウトレット

現在営業中 OPEN　営業時間 10:00 - 20:00

店舗トップ	在庫紹介	店舗・地図情報
店舗ブログ	お客様の声	スタッフ紹介

Gulliver OUTLET

高額買取

最大2,000項目にもおよぶ徹底的な検査！高額買取に自信があります！

アウトレット価格

車両販売と整備・保証・クリーニングなどのサービスを切り離したから出来たアウトレット価格

＼お気軽にご相談ください／

お店に電話で問い合わせる ＞

お店にフォームで問い合わせる＞

フォームでのお問い合わせ

すぐにお返事いたします（深夜を除く）

B案が支持された!!

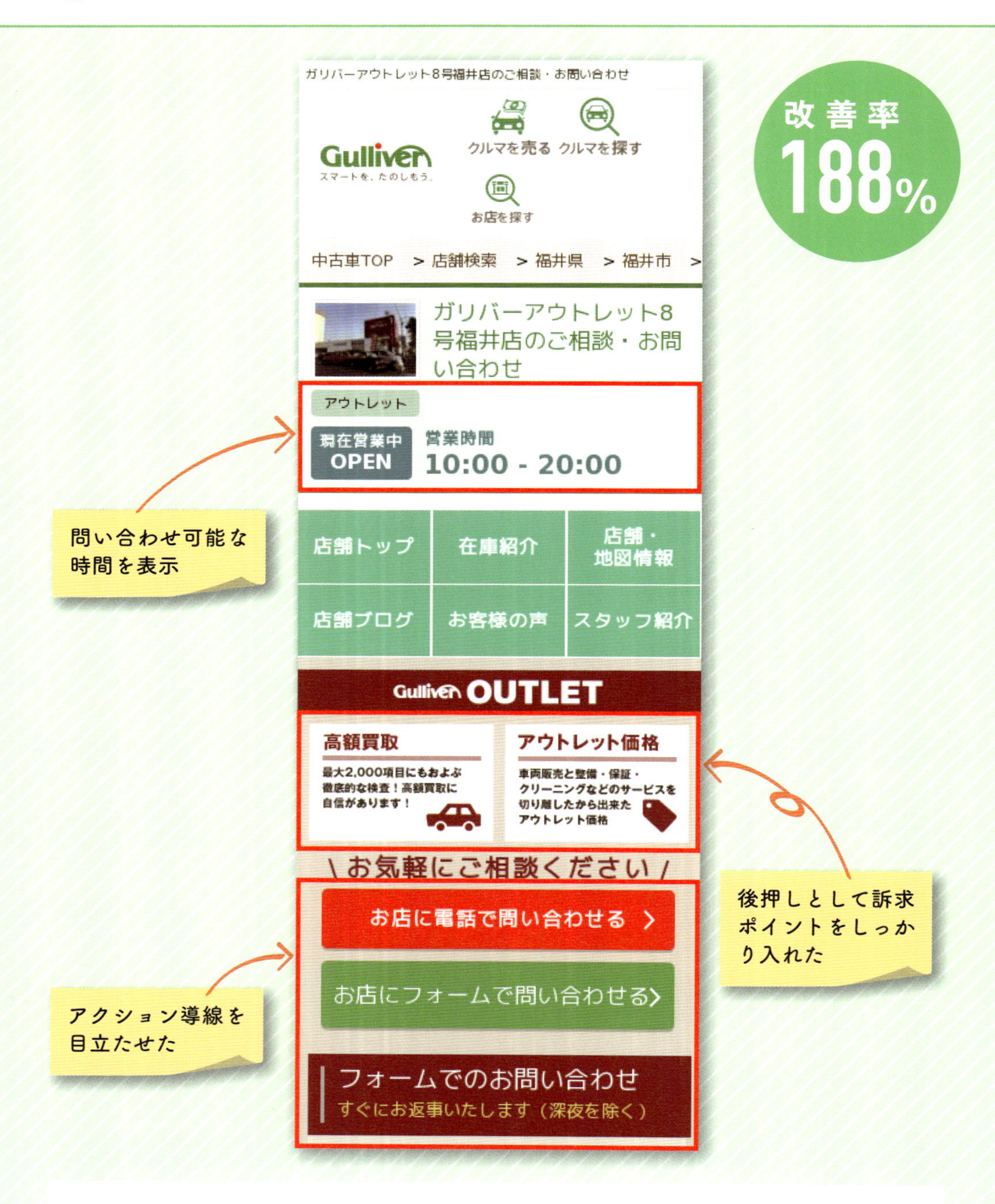

- アクション導線を電話、フォームそれぞれで目立たせた
- アクション導線の近くに補足情報、後押しを置いた

Consideration

リアル店舗へのアクションも
セオリーは同じ

情報サイトで買いたい車が見つかった後は、店舗に来店して実物を見たいと思うのがユーザ心理です。本ページは店舗ページですので、単体のトラフィックは多くありませんが、店舗への問い合わせにおいて大変重要なページです。

本ページでは、問い合わせアクションを最大化させるために、電話問い合わせ可能な営業時間の明示、またアクション導線を目立たせて配置することでアクションがしやすいUXになっています。

アクション導線の近くに、店舗関係なく共通項としてのサービス訴求を入れたこともポイントです。

株式会社 IDOM スマホ

対象サイト	Gulliver (https://221616.com/search/)
対象ページ	販売TOPページ
流入元	オーガニック / ダイレクト / 有料
流入ユーザー	20代-50代、男性が中心

テーマ

途中で入力諦められる問題

スマートフォン 会員登録 フォーム 人材

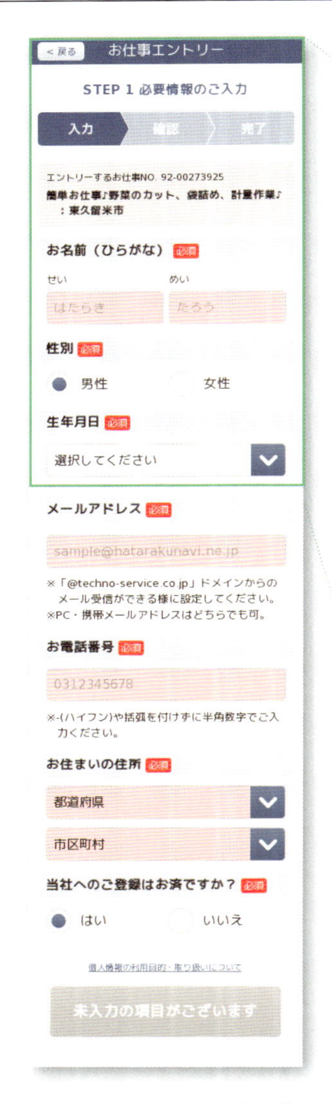

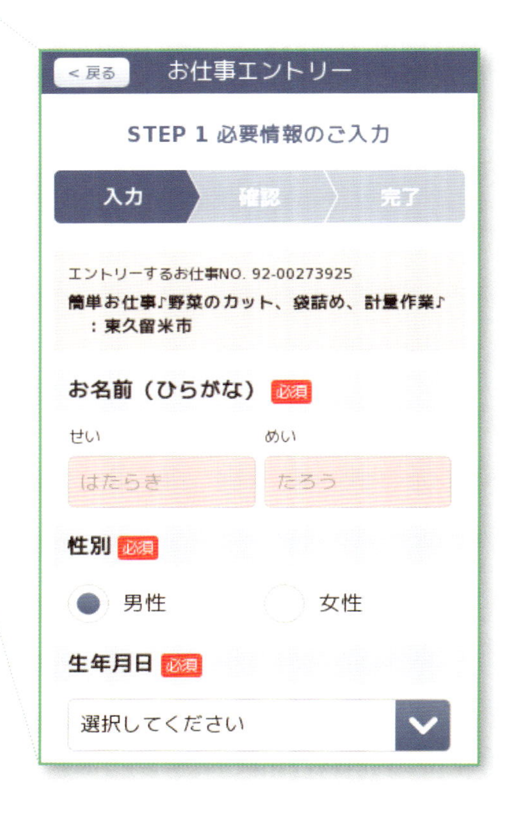

人材派遣のテクノ・サービスが運営しているサイト「働くナビ！」です。本ページは、派遣登録の入力フォームです。

- 1画面に入力しなければならない項目が多い
- フォームが縦に長く入力が「面倒そう…」と思われてしまう

登録完了数を増やせたのはどちらの案か？

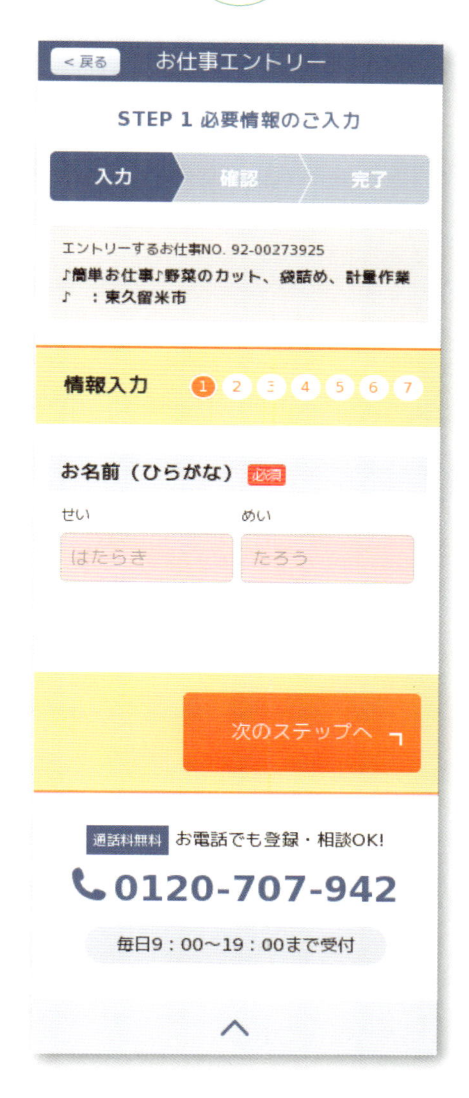

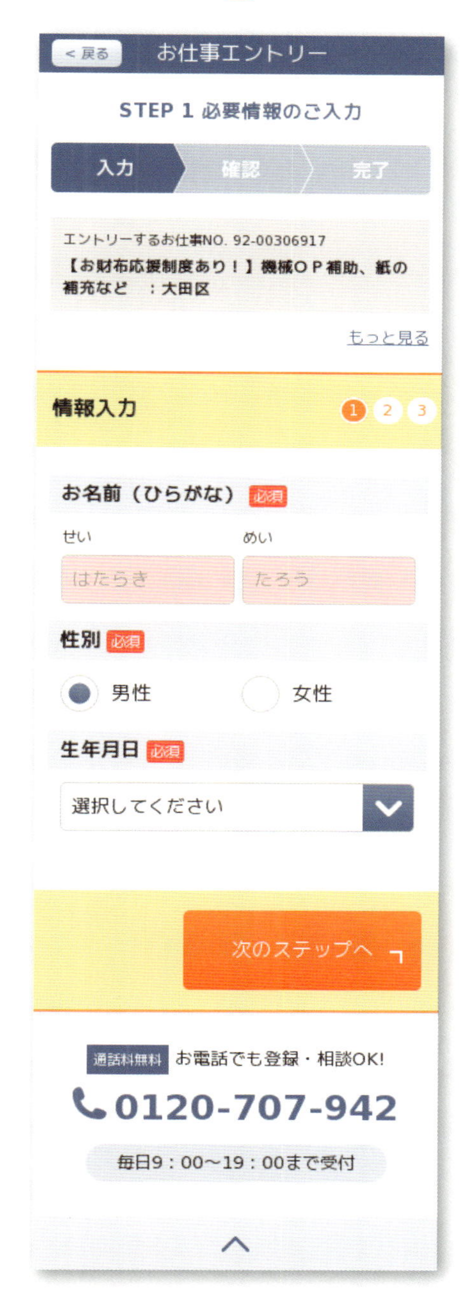

- フォーム画面の分割を行い、1ページの入力負荷を下げた
- 完了までの目安がわかるようにステップを設けた

Consideration

どうすれば入力ハードルを下げられるかを考えよう

本ページでは2つの仮説を立てて検証を行いました。どちらも共通して入力項目を変えず、入力欄が少なく見えるような工夫を凝らしており、入力項目にステップを設けています。

変えたのは1つのステップで入力する項目の数。A案では、1画面に入力欄をひとつ設けて全部で6ステップ、B案では1画面に3～4つの入力欄を設けて3ステップにしました。どちらも改善率は170％以上にすることができましたが、A案のほうが登録完了するユーザーが多い結果となりました。フォームを考えるときは「入力を面倒くさいと思う人が多い」ということを忘れず、「どうしたら面倒くささを解消できるか」を意識しましょう。

遷移数が増えることは一見セオリーに反するように思いますが、「最初の入力ハードルを下げる」こと、「入力を始めてしまうと最後までやらないとモッタイナイ」という日本人の心理特性を上手く捉えた事例です。

株式会社テクノ・サービス　スマホ

対象サイト	働くナビ！（https://www.hatarakunavi.net/）
対象ページ	登録フォームページ
流入元	ダイレクト / リファラル
流入ユーザー	不明

テーマ

ターゲットユーザーの心理を捉えきれていない問題

スマートフォン LP 人材

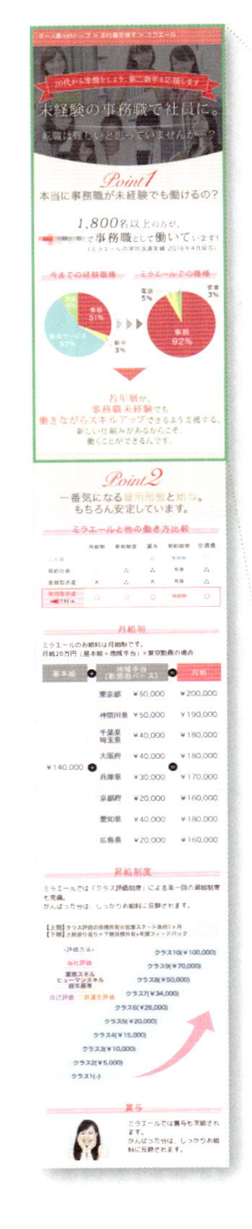

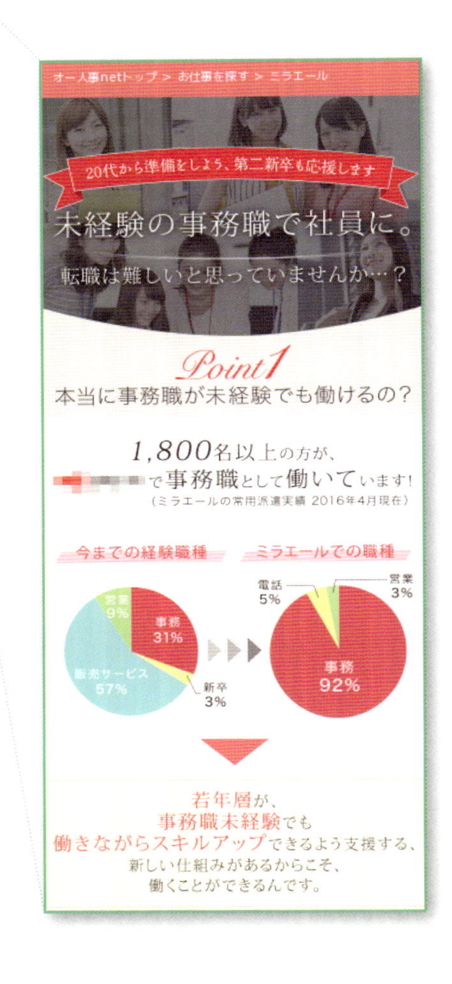

スタッフサービスが運営している事務職未経験の女性向け無期雇用派遣サービス「ミラエール」です。本ページは、会員登録を促すランディングページです。

- 「事務職未経験の女性」に訴求されていない可能性がある
- 画像がダークカラーなので「不安」な印象を与えてしまう

登録完了数を増やせたのはどちらの案か?

A案

オー人事netトップ > お仕事を探す > ミラエール
事務の仕事がしたい!
未経験でもOK!
社員になれる!
土日休み!
まずは動画でサクッと知る
動画でわかる!
未経験でも事務職で働ける
安定している給与と雇用形態
プロのカウンセラーに相談できる
充実した安心のサポート体制
ミラエールで働く先輩の声

B案

オー人事netトップ > お仕事を探す > ミラエール
20代から準備をしよう、第二新卒も応援します
未経験でも大丈夫!
土日休みの事務職て大事な条件だと思う。
Point1
本当に事務職が未経験でも働けるの?
2,500名以上の方が、
で事務職として働いています!
(ミラエールの常用派遣実績 2016年11月現在)
今までの経験職種
ミラエールでの職種
営業 9%
事務 31%
販売サービス 57%
新卒 3%
電話 5%
営業 3%
事務 92%
取引先実績企業
カネボウ化粧品
アサツーディ・ケイ

B案が支持された!!

- 1st Viewに生き生きした女性の画像を配置した
- 「社員になれる」「土日休み」などの訴求点を追加した

Consideration

ユーザーの「不安」を「安心」に！

本サービスのユーザー層である若年の女性は、安定やワークライフバランスを求めて、未経験から事務職に転職するケースが多いのが実態です。
未経験での転職は不安がつき物です。この気持ちを汲み取り、「未経験でも大丈夫！」と安心してもらえるようにコピーを変更しました。また、ダークカラーで表情が見えづらい写真を使っていたオリジナルページと、明るく生き生きとした笑顔の写真を多く掲載したB案では受け手の印象が全く異なります。この2点でユーザーの「不安」を取り除き、「安心」してエントリーしてもらえる結果に結びついたのだと思います。

株式会社スタッフサービス スマホ

対象サイト	ミラエール（https://www.022022.net/promotion/career/）
対象ページ	登録フォームページ
流入元	ダイレクト / リファラル
流入ユーザー	不明

テーマ

メリハリがなく見づらい問題

「いい部屋ネット」は大東建託が運営する賃貸物件探しサイトです。本ページは条件を入れて検索したあとの物件の一覧ページです。

- 情報量が多く、強調箇所が少ないため、メリハリがない
- 詳細遷移ボタンがわかりづらい

詳細ページ遷移率が増えたのはどちらの案か？

B案が支持された!!

- 画像を大きく出しながらも必要情報を網羅できるようにした
- 詳細遷移ボタンを目立つように変更した

Consideration

一覧は、写真とスペックが命！

不動産や車など、高額商材と呼ばれるものは、比較検討にあたり画像が重要です。外装や内装、物件周囲の環境などをできる限り見て気に入ったものがあれば、詳細を確認するモチベーションを保つことができます。
ウィナーでは、できる限り一物件あたりの画像の数を増やしました。そして、「気になる」と思った物件の詳細がすぐ閲覧できるよう、詳細画面への遷移ボタンを目立つように色と大きさを工夫したことで、遷移率もUPしています。

大東建託株式会社 スマホ

対象サイト	いい部屋ネット (https://sp-e-heya.kentaku.net/sp/s/area/search_result.html?minRent=0&maxRent=0&_sikiZero=on&_sikiZero=on&minRoomPlan=0&maxRoomPlan=0&_roomType=on&_roomType=on&buildingAge=0&walkTime=0&_walkTimeWithBus=on&minArea=&maxArea=&_equipment=on&_ecuipment=on&_roomLocation=on&_roomLocation=on&_contractPlan=on&_contractPlan=on&_other=on&_other=on&tdhkId=1&prefId=1&areaId=2&selectionNum=&cityId=1204&_kz_void=1)
対象ページ	物件一覧ページ
流入元	ダイレクト / オーガニック
流入ユーザー	不明

テーマ

見たい情報が強調されていない問題

「いい部屋ネット」は大東建託が運営する賃貸物件探しサイトです。本ページはスマートフォン版。条件を入れて検索したあと、物件の一覧ページです。

▶ 画像が小さく、条件も小さい
▶ アクション導線がわからない

ゴール 詳細ページ遷移率の増加

B案が支持された!!

- 情報をカセットに集めて写真と価格を強調した
- アクションボタンを目立たせた

Consideration

写真を最大化する工夫を考えきろう

不動産や車などの高価格帯商品においては、写真は大変重要な要素です。スマホではスペースが限られるので、写真をどう見せるかは工夫のしどころですが、この勝ち案では、カセットを丸ごと写真にしたことにより、スペースに対して写真を最大化させたアイデア勝ちの事例です。
一覧においては写真と同様に価格も重要な意思決定の要素ですので、これをしっかり強調した点、また、逆に最寄りやアクセスなどの細かな情報はあえて一覧からは省いたことで、非常にシンプルな情報構成に止めることができています。
スマホにおいては、情報を載せすぎず、「間引く」「削る」覚悟もした上でカイゼンを進めましょう。

大東建託株式会社 スマホ

対象サイト	いい部屋ネット (https://sp-e-heya.kentaku.net/sp/s/area/search_result.html?minRent=0&maxRent=0&_sikiZero=on&_sikiZero=on&minRoomPlan=0&maxRoomPlan=0&_roomType=on&_roomType=on&buildingAge=0&walkTime=0&_walkTimeWithBus=on&minArea=&maxArea=&_equipment=on&_equipment=on&_roomLocation=on&_roomLocation=on&_contractPlan=on&_contractPlan=on&_other=on&_other=on&tdhkId=1&prefId=1&areaId=2&selectionNum=&cityId=1204&_kz_void=1)
対象ページ	物件一覧ページ
流入元	ダイレクト / オーガニック
流入ユーザー	不明

テーマ

入力モチベーション わかない問題

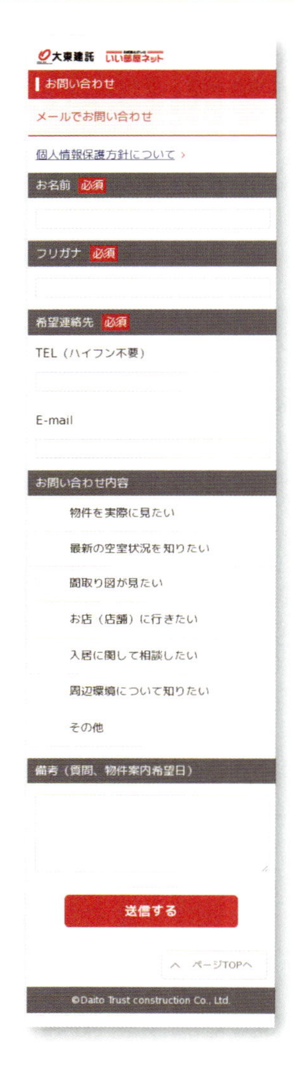

「いい部屋ネット」は大東建託が運営する賃貸物件探しサイトです。本ページは、検索した物件の内見を申し込む際の入力フォームです。

- シンプルすぎて入力モチベーションがわかない
- 問い合わせ内容が入力されない

フォーム入力完了数が
増えたのはどちらの案か？

A
案

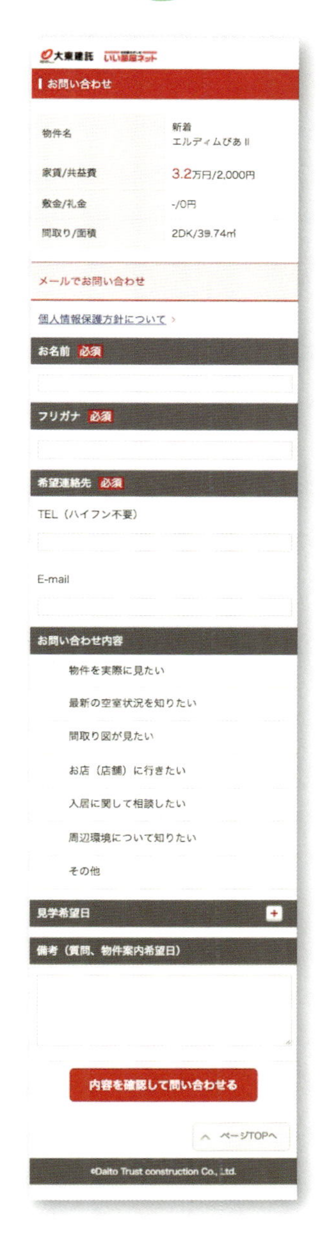

大東建託 いい部屋ネット
お問い合わせ
物件名
新着
エルディムぴあⅡ
家賃/共益費
3.2万円/2,000円
敷金/礼金
-/0円
間取り/面積
2DK/39.74㎡
メールでお問い合わせ
個人情報保護方針について
お名前 必須
フリガナ 必須
希望連絡先 必須
TEL（ハイフン不要）
E-mail
お問い合わせ内容
物件を実際に見たい
最新の空室状況を知りたい
間取り図が見たい
お店（店舗）に行きたい
入居に関して相談したい
周辺環境について知りたい
その他
見学希望日
備考（質問、物件案内希望日）
内容を確認して問い合わせる
ページTOPへ
©Daito Trust construction Co., Ltd.

B
案

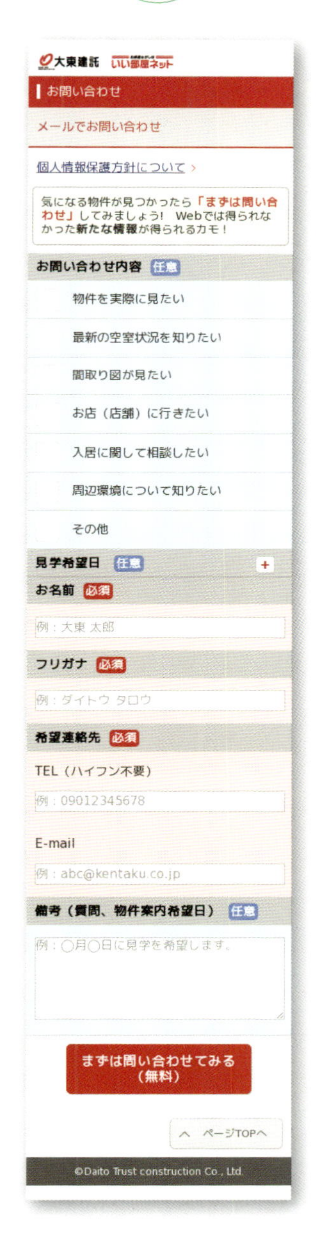

大東建託 いい部屋ネット
お問い合わせ
メールでお問い合わせ
個人情報保護方針について
気になる物件が見つかったら「まずは問い合わせ」してみましょう！ Webでは得られなかった新たな情報が得られるカモ！
お問い合わせ内容 任意
物件を実際に見たい
最新の空室状況を知りたい
間取り図が見たい
お店（店舗）に行きたい
入居に関して相談したい
周辺環境について知りたい
その他
見学希望日 任意
お名前 必須
例：大東 太郎
フリガナ 必須
例：ダイトウ タロウ
希望連絡先 必須
TEL（ハイフン不要）
例：09012345678
E-mail
例：abc@kentaku.co.jp
備考（質問、物件案内希望日） 任意
例：○月○日に見学を希望します。
まずは問い合わせてみる
（無料）
ページTOPへ
©Daito Trust construction Co., Ltd.

B案が支持された!!

- 1st Viewに問い合わせの目的を載せた
- 入力箇所、選択箇所など任意と必須項目を背景色でわかりやすくした

Consideration

必須・任意は明確に、
でも入れて欲しい情報は先に

本ページは、オリジナルページはスッキリしたデザインで大きな問題はありませんでしたが、任意項目である問い合わせ内容のチェックボックスが入力されないという問題がありました。
今回は順番を前後することで、必須項目の入力率を下げずに問い合わせ内容入力を増やすことができています。必須、任意項目はについてはデザインで違いを明示してあげることで、ユーザーにとっては全ての入力の必要がないと認識しやすくなり、入力のハードルは下がります。
アイキャッチエリアでの情報の補足、及びアクション導線におけるアクションしやすい文言変更なども、総合的に数字を押し上げた要因になっています。

大東建託株式会社 スマホ

対象サイト	いい部屋ネット (https://sp-e-heya.kentaku.net/sp/s/area/search_result.html?minRent=0&maxRent=0&_sikiZero=on&_sikiZero=on&minRoomPlan=0&maxRoomPlan=0&_roomType=on&_roomType=on&buildingAge=0&walkTime=0&_walkTimeWithBus=on&minArea=&maxArea=&_equipment=on&_equipment=on&_roomLocation=on&_roomLocation=on&_contractPlan=on&_contractPlan=on&_other=on&_other=on&tdhkId=1&prefId=1&areaId=2&selectionNum=&cityId=1204&_kz_void=1)
対象ページ	問い合わせフォームページ
流入元	ダイレクト / オーガニック
流入ユーザー	不明

テーマ

情報に優先順位がついてない問題

株式会社ヤマハミュージックジャパンが運営する、英語教室情報サイト「ヤマハ英語教室」では、全国の英語教室を検索し、体験レッスンの申し込みができます。

- 1st Viewの情報量が多い
- 強調色が多く優先順位が不明なのでサイト上で迷ってしまう

教室一覧ページへの遷移率が増えたのはどちらの案か？

A案

B案

B案が支持された!!

- 最も欲しいアクションである教室検索をアイキャッチに設置
- サイドバナーも押し下げて、エリア検索の優先順位を上げた

Consideration

TOPでも優先順位は明確に

TOPページは、様々な情報や導線が混在してしまうことが多いですが、改めてユーザーに何のアクションをして欲しいかの優先順位は必ず整理しましょう。
本件では、英語教室の入会数を最大化させるために、まずは無料体験レッスンを体験してもらう、教室に来てもらうことが重要で、そのためには自分の家の近くに教室があるかどうかを検索する検索行動を最も多く実施して欲しいという優先順位に至っています。
これを考えた時に、まずエリア検索をしてもらいやすくするために、アイキャッチエリアに地域・エリア情報を掲載しています。さらに、同じくアイキャッチエリアにあった、強調色のバナーが並ぶバナーエリアをアイキャッチエリアから外して下に押し下げたことで、より地域・エリア情報が目立つ結果となり、ユーザーへのメッセージング、優先順位が明らかになりました。

株式会社ヤマハミュージックジャパン PC

対象サイト	ヤマハ英語教室（https://school.jp.yamaha.com/english_school/）
対象ページ	TOPページ
流入元	オーガニック／ダイレクト
流入ユーザー	30代、40代女性が中心

テーマ

フォームに
メリハリがない問題

フォーム 教育 スマートフォン

ヤマハ音楽振興会が運営する、音楽教室情報サイト「ヤマハ音楽教室」では、全国の音楽教室を検索し、体験レッスンの申し込みや入会の予約ができます。本ページは、教室検索したあとの体験レッスン申し込み用の入力フォームです。

- 1st Viewで入力項目が見えない
- 青で統一されており、強調色が見えづらい

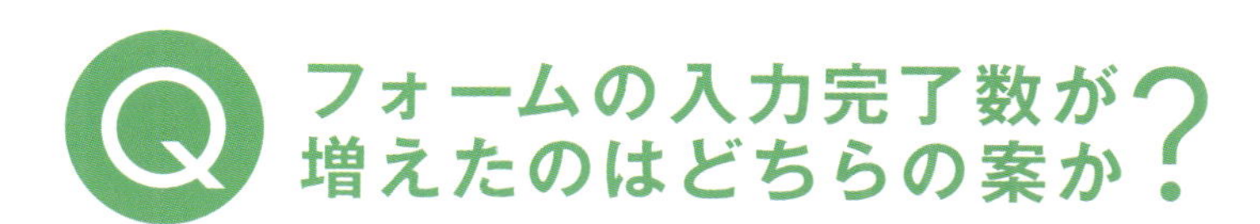

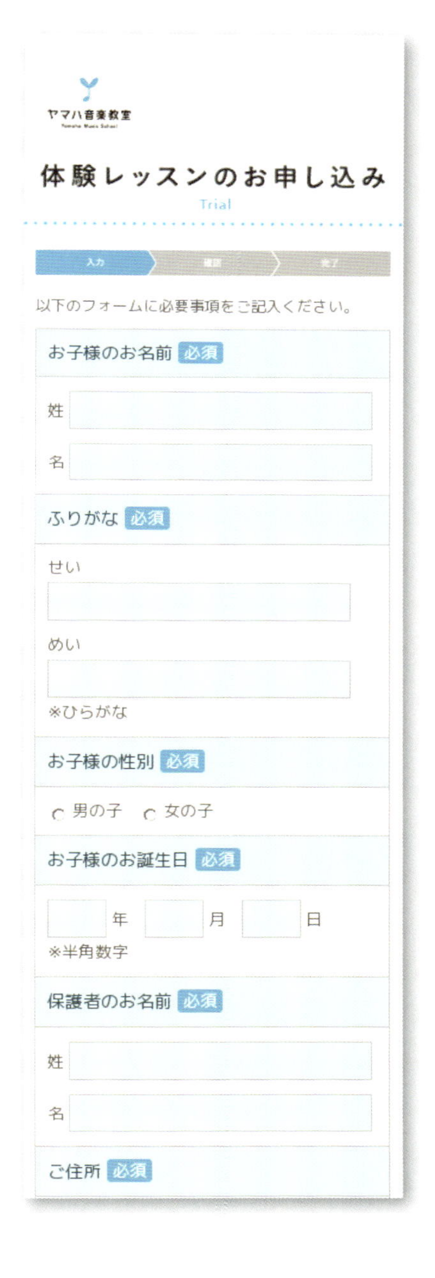
ヤマハ音楽教室

体験レッスンのお申し込み
Trial

入力 確認 完了

以下のフォームに必要事項をご記入ください。

お子様のお名前 必須
姓
名

ふりがな 必須
せい
めい
※ひらがな

お子様の性別 必須
男の子 女の子

お子様のお誕生日 必須
年 月 日
※半角数字

保護者のお名前 必須
姓
名

ご住所 必須

ヤマハ音楽教室

無料体験レッスンのお申し込み
下記のお申し込みフォームに必要事項をご記入の上、
「送信内容の確認」ボタンを押してください。

1 入力 › 2 確認 › 3 完了

お申し込み教室

運営

ご希望日時
2016年03月31日(木)10:20

ご希望コース
ドレミらんど（ぷっぷるクラス）

必須 お子様のお名前
姓 山田
名 太郎

必須 ふりがな
せい やまだ
めい たろう

必須 お子様の性別
男の子 女の子

B案が支持された!!

- 1st Viewで多くの入力項目が見えるようにした
- 入力項目にメリハリをつけた

Consideration

中間色をうまく利用しよう

本ページは、シンプルなデザインではありますが、グレーと差し色の青のみの利用のため、確認項目なのか、必須項目なのか、それとも入力箇所なのかのメリハリがない状態になっていました。
結果の出たBの改善案では、中間色の淡い黄色を利用し、強調しない箇所での利用をしたこと、また必須項目のラベルに加えて必須入力項目を青ベースにしたことで、必須入力エリアと項目にメリハリがつきました。アイキャッチエリアにおける訴求、入力完了までのステップの明示をコンパクトに置くことができたのも、数字が伸びた要因でしょう。

ヤマハ音楽振興会 スマホ

対象サイト	ヤマハ音楽教室（https://www.yamaha-ongaku.com/music-school/）
対象ページ	無料体験申込フォームページ
流入元	オーガニック / ダイレクト
流入ユーザー	30代後半、40代が中心 男女比半々

テーマ

フォームにきてもまだ不安問題

フォーム　結婚相談　スマートフォン

ツヴァイでは結婚相談サービスを展開しています。本ページは無料体験予約用のページです。

▶ 高いハードル、不安を取り除けているか不明

体験予約数を増やせたのはどちらの案か？

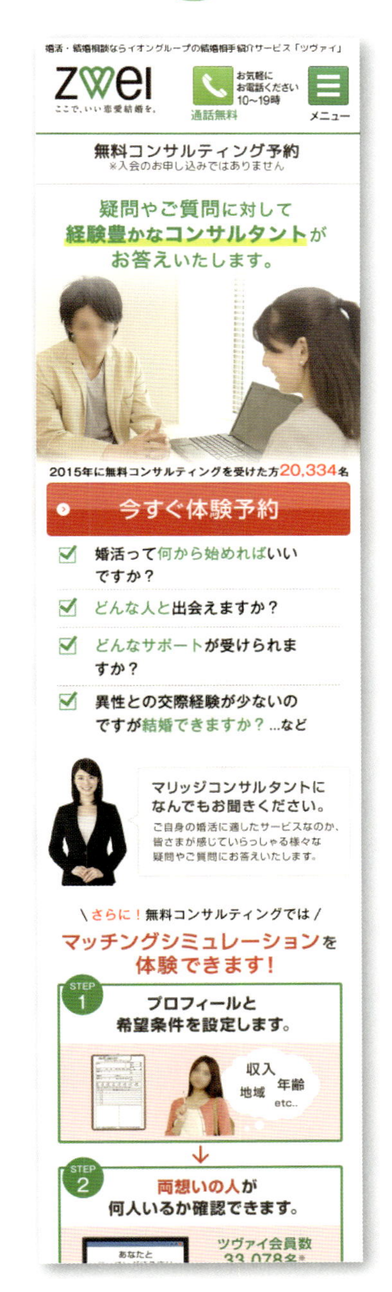

B案が支持された!!

- よくある質問でユーザーの不安を取り除いた
- トップに男性女性、双方が相談されているような画像を追加した

Consideration

取り下げられる不安は
全て取りきれ！

結婚相談などのマッチングビジネスにおけるリード獲得は、コンバージョンが体験予約などの来店になりますが、この業界における来店というのは、ユーザーにとっては非常にハードルが高いものになります。
本ページは、フォーム一体型のランディングページに近い状況ではあるので、いかに1st Viewでユーザーの不安の障壁を下げるのか、また幅広いユーザーに安心してもらうことができるのかがポイントでした。
アイキャッチエリアにおける人物写真の利用はランディングページでは大変有効ですが、本サイトでは男性/女性共にターゲットとなるため、双方に刺さる画像の利用が功を奏しています。また、不安から生まれるよくある質問をアクション導線の近くに掲載することで、アクションへの不安を取り下げたことも大きいポイントでした。

株式会社ツヴァイ スマホ

対象サイト	ツヴァイ（https://www.zwei.com/smp/yoyakuwari/index.html）
対象ページ	無料コンサルティング申し込みフォームページ
流入元	ダイレクト / オーガニック
流入ユーザー	20代、30代が中心　男女比3:7

テーマ

アクション導線が埋もれてしまっている問題 その2

LP サブスクリプション 動画

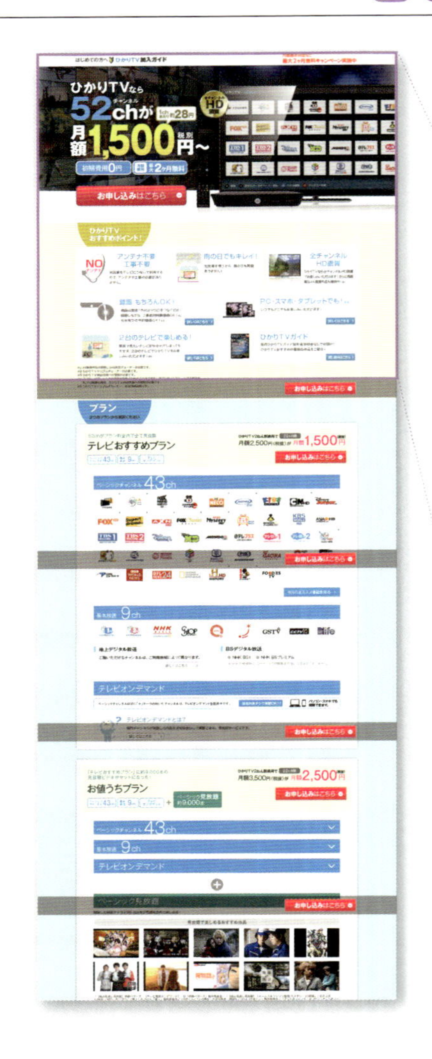

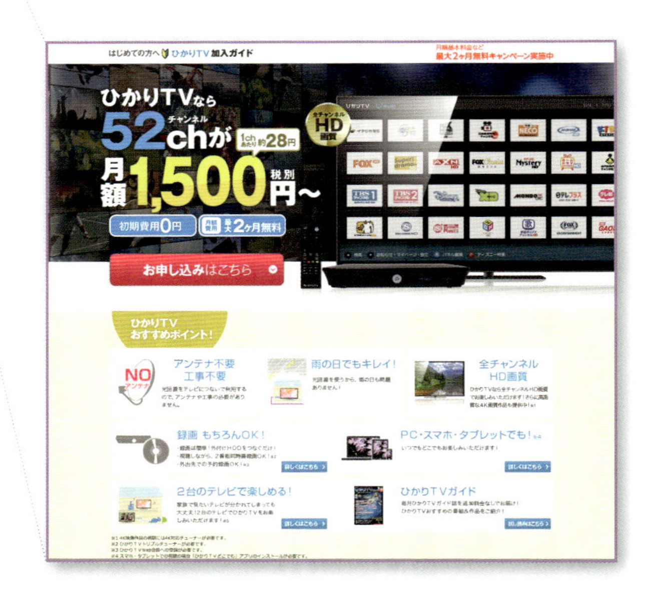

NTTぷららが提供している映像配信サービス「ひかりTV」のランディングページ。ひかりTVに関する広告は本サイトにリンクしており、有料チャンネル等の視聴の申し込みができます。

▶ スッキリしたデザインに見えるが、アクション導線が目立たない

申し込み数を増やせたのは?

A案

B案

A案が支持された!!

- アクション導線をエリアで分けた
- アクション導線周りに後押しする情報を追加した

Consideration

アクション導線の周りに
最後の一押しを！

「52chが視聴できる」「月額1,500円」「初期費用0円」など、セールスポイントは目立たせたいと考えるものですが、すべてを目立たせてしまうとかえって埋もれてしまいます。本サイトの改善ポイントはユーザーが1st Viewで上部に配置された訴求ポイントを見たあとに、下部に配置されたアクション導線に目が行くように「アクション導線を上下で分けて目立たせた」こと。そして、アクション導線に「2ヶ月無料」「1000円OFF」など「最後の一押しを入れた」二点です。現実で買い物をするときに店員から「いまだけ！」「在庫限りです！」と言われるのと同じように、ユーザーの背中を押すようなコメントをアクション導線の側に配置することは重要です。敢えて「通常のお申し込み」の導線を比較対象として入れることで、申し込みさせたいエリアが強調できます。

株式会社NTTぷらら PC

対象サイト	ひかりTV（https://www.hikaritv.net/）
対象ページ	ひかりＴＶ申込みページ
流入元	オーガニック/リファラル/リスティング/ディスプレイ
流入ユーザー	30代、40代男性が中心

テーマ

比較したくても比較できない問題

PC サブスクリプション LP

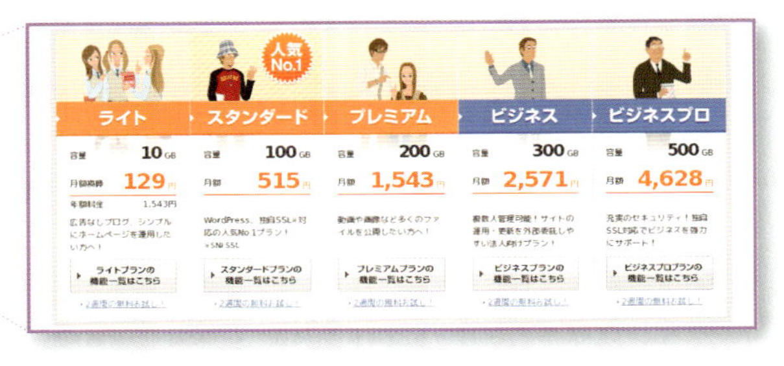

さくらインターネットが展開する個人向けレンタルサーバのランディングページです。同社は法人向けのレンタルサーバとして有名、個人でもビジネス利用したユーザーが集まりやすい特徴があります。

- プランの数が多く、選びづらい
- 比較するための情報が価格と容量しか存在せず、一階層深く入らなければわからない

申し込み画面への遷移数を増やせたのはどちらの案か？

B案が支持された!!

- 階層下にあった比較材料をランディングページに記載した
- アクション導線を申し込みに変更し、1STEP削減した

Consideration

減らせるSTEP、
ユーザーの手間は極限まで減らす！

本ページでは5つあるプランの価格と容量のみが表示され、比較や意志決定ができるスペック情報は「詳細を見る」ボタンの一階層下に遷移しないと見られませんでした。詳細を見たユーザーは、別のプランを確認するため、また本ページに戻ってくる手間がありました。Ⓐ情報量を減らしてシンプルに表示する、Ⓑ同軸で比較できるような情報を増やす、2つの仮説を立てて検証。
結果「同軸で比較できるような情報を増やす」が高い結果を出しました。元々のページは「気になるプランの詳細ページを見に行きやすい」ように作られていましたが、「このページだけで比較検討から申し込み画面へ行ける」ように作り変えて、より詳細を知りたいユーザーは詳細ページに行きますが、このページだけで完結できるように考えたことが約2倍となる改善率を達成できた理由でもあります。
アクションまでの遷移、STEPなど、ユーザーにかかる手間は極限まで減らす努力をしましょう。

さくらインターネット株式会社 PC

対象サイト	さくらのレンタルサーバ（https://www.sakura.ne.jp/）
対象ページ	TOPページ
流入元	ダイレクト / オーガニック / リファラル
流入ユーザー	20代、30代 男性が中心

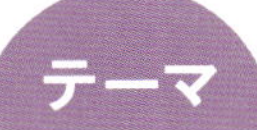

1st Viewの訴求が少なすぎる問題 その1

スマートフォン サブスクリプション LP

Huluは、HJホールディングスが運営している国内外の映画やドラマ、アニメが楽しめるサブスクリプションの動画配信サービス。本ページはお試し会員登録を促すランディングページです。

- 1st Viewのエリアがタイトルの画像のみ
- テキストの訴求ポイントのインパクトが弱い

お試し会員登録数を増やせたのはどちらの案か?

A案

B案

- 1st Viewに期間、価格などの訴求ポイントを入れた
- ユーザーがどう利用しているかイメージできる画像を追加した

Consideration

スマホはスペースを有効に使い切るべし

オリジナルの案では、せっかくの1st View、アイキャッチエリアにおいて、うまく訴求ポイントを伝えられていない状況でした。スマホはPCと比較してスペースは限られます。この中でいかにこのページやサービスの中身を伝えきれるのか、常に工夫することを忘れないようにしましょう。
A案では、本サービスにおいて訴求の重要な要素である「2週間無料」、「月額933円」という訴求に加え、利用時のシーン訴求も、うまくスペースを使って表現できていることが勝ち案となった原因でしょう。
月額動画サービスは、日本国内市場も群雄割拠の状態で、ユーザーは様々な情報を比較して入会を決めています。その中で、価格やタイトルのラインナップは大変重要な意思決定要素となります。タイトル画像を表示していることも有効でしょう。

HJホールディングス株式会社 スマホ

対象サイト	hulu (https://www.happyon.jp/static/smartphone/)
対象ページ	無料会員獲得ランディングページ
流入元	ダイレクト / リファラル
流入ユーザー	30代、40代女性が中心

テーマ

1st Viewの訴求が少なすぎる問題 その2

スマートフォン サブスクリプション LP

Huluは、HJホールディングスが運営している国内外の映画やドラマ、アニメが楽しめるサブスクリプションの動画配信サービス。本ページはお試し会員登録を促すランディングページです。

- 1st Viewエリアがタイトル画像のみ
- テキストの訴求ポイントのインパクトが弱い

お試し会員登録数を増やせたのはどちらの案か？

A案

B案

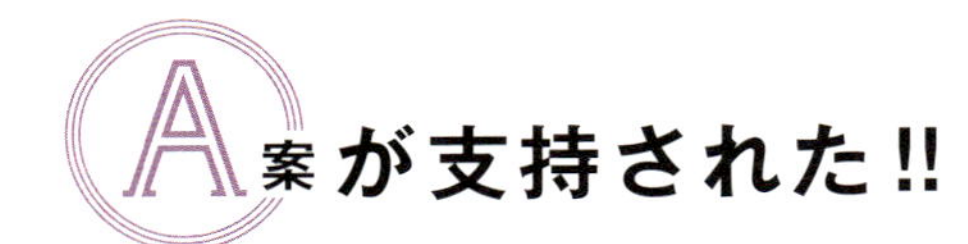

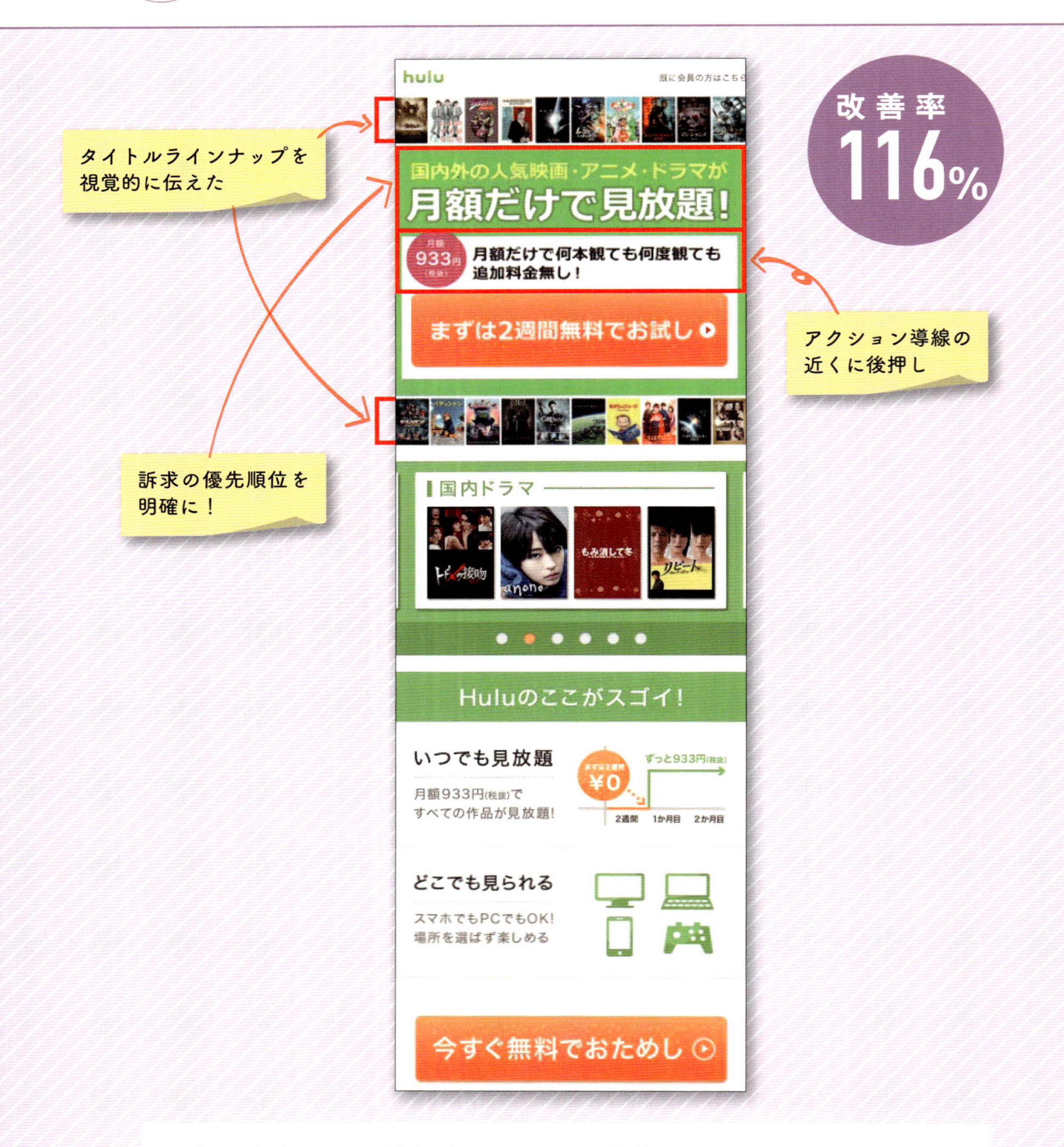

- 意思決定できる情報をアクション導線周りに配置した
- 訴求の優先順位を明確にした

Consideration

視覚に訴える工夫をやり切ろう

本事例は、「その1」の勝ち案をさらにブラッシュアップしたものになります。「その1」では1st Viewの訴求要素をコンパクトに詰め込みましたが、A案では、「月額で見放題」という訴求の優先順位を明確に引き上げたことで、メリットが伝わりやすくなっています。
また、鉄板施策であるアクション導線の近くへの後押しも加えたことも有効だったと言えます。
タイトルのラインナップが意思決定の重要な決定要素という話をしましたが、このブラッシュアップ案では、スライダーでタイトル画像を見せるだけではなく、1st Viewのエリアにタイトル画像を小さく並べたことで、ラインナップの多さやバリエーションを視覚的に上手く伝えることに成功しています。

HJホールディングス株式会社 スマホ

対象サイト	hulu (https://www.happyon.jp/static/smartphone/)
対象ページ	static ランディングページ
流入元	ダイレクト / リファラル
流入ユーザー	30代、40代女性が中心

テーマ

なぜフォームに来たのか忘れてしまう問題

スマートフォン　会員登録　サブスクリプション

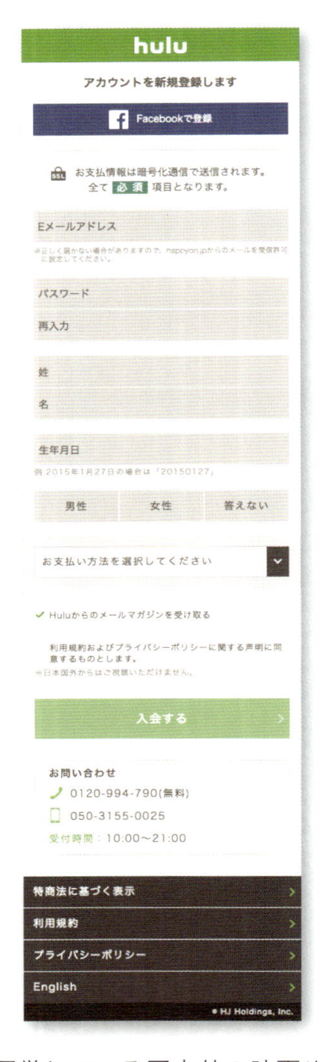

Huluは、HJホールディングスが運営している国内外の映画やドラマ、アニメが楽しめるサブスクリプションの動画配信サービス。本ページは無料会員の登録ボタンを押したあとの会員登録フォームの入力画面です。

- 登録メリットが書かれていない
- 何に対して登録するのかがわからない

登録完了数を増やせたのはどちらの案か?

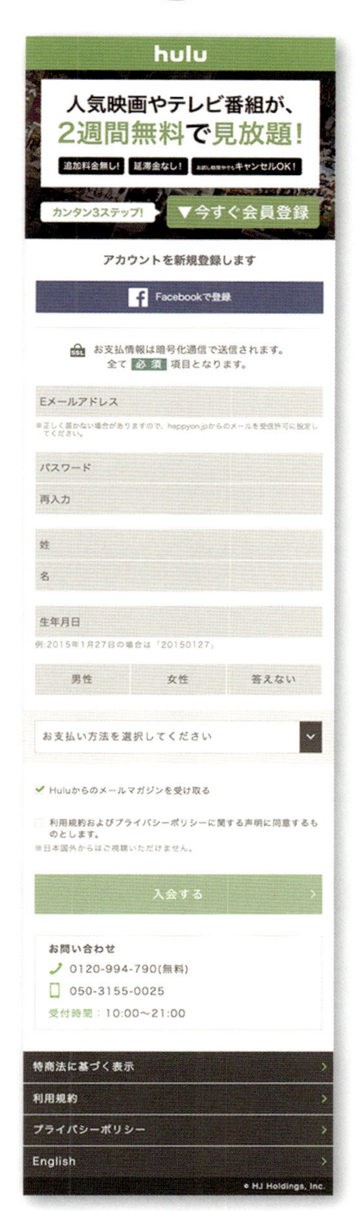

B案が支持された!!

改善率 109%

改めてなぜこのフォームに進んだのか訴求を追加

入力のハードルを下げる訴求を追加

hulu

人気映画やテレビ番組が、
2週間無料で見放題!
追加料金無し! 延滞金なし! キャンセルOK!

カンタン3ステップ! ▼今すぐ会員登録

アカウントを新規登録します

Facebookで登録

お支払情報は暗号化通信で送信されます。
全て 必須 項目となります。

Eメールアドレス

パスワード

再入力

姓

名

生年月日

例:2015年1月27日の場合は「20150127」

男性 女性 答えない

お支払い方法を選択してください

Huluからのメールマガジンを受け取る

利用規約およびプライバシーポリシーに関する声明に同意するものとします。

※日本国外からはご視聴いただけません。

入会する

お問い合わせ

0120-994-790(無料)

050-3155-0025

受付時間:10:00〜21:00

特商法に基づく表示

利用規約

プライバシーポリシー

English

© HJ Holdings, Inc.

- 1st Viewにランディングページと訴求とメリットを追加
- 入力のハードルを下げる訴求を追加した

Consideration

入力の最後までメリットを伝え続けよう

入力フォームに遷移するというのは、「登録しよう」「購入しよう」と何かしら意思決定をしたユーザーです。
ランディングページの1st Viewのみを見て感覚的に遷移したユーザーも一定数いるはずですが、フォームに遷移した際に「本当に申し込みをしていいのかな…」と不安になり離脱してしまうこともあります。こうした離脱を防ぐために、ランディングページで採用した訴求ポイントを改めて入れることで、「このメリットを感じたから申し込むことにしたんだ」と、最後まで入力のモチベーションを保つようにしています。
また、「どの程度入力が簡単か」という情報を挿入することも大事。「カンタン3ステップ」や「入力まで30秒」など、入力が終わる目安を設けることは入力完了のモチベーションUPにつながります。

HJホールディングス株式会社 スマホ

対象サイト	hulu (https://www.happyon.jp/signup/form)
対象ページ	会員登録フォームページ
流入元	ダイレクト / リファラル
流入ユーザー	30代、40代女性が中心

テーマ

何がお得なのか わからない問題

スマホ サブスクリプション 動画

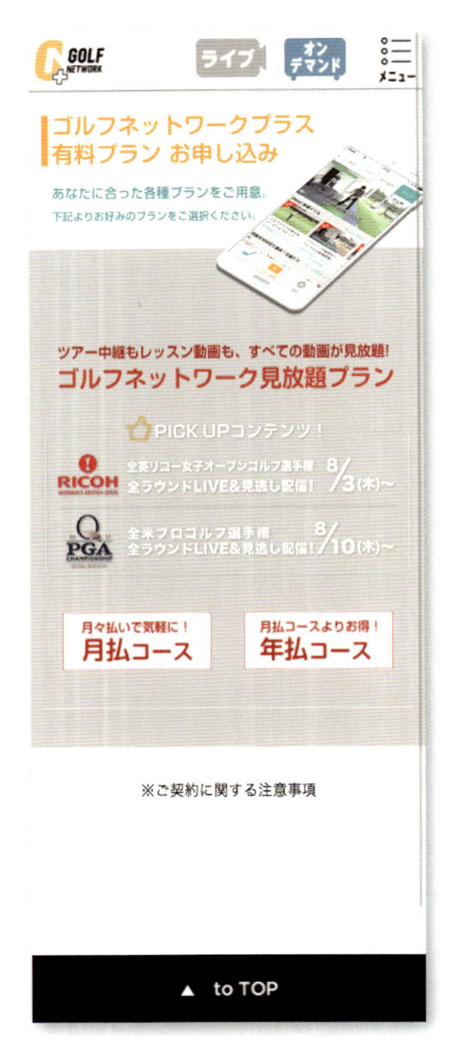

月額サブスクリプションのゴルフ動画視聴サービス「ゴルフネットワークプラス」の事例です。ゴルフに関連する動画コンテンツを、無料と有料で楽しむことができます。本ページは無料会員が有料動画をクリックした際に有料登録を促すためのページです。

- 1st Viewで有料会員のメリットが掴みづらい
- 月払い、年払い、それぞれのメリットがわかりづらい

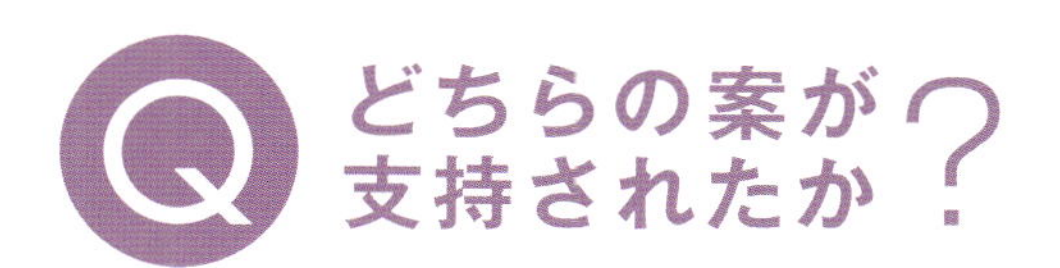

ゴール 有料会員数の増加

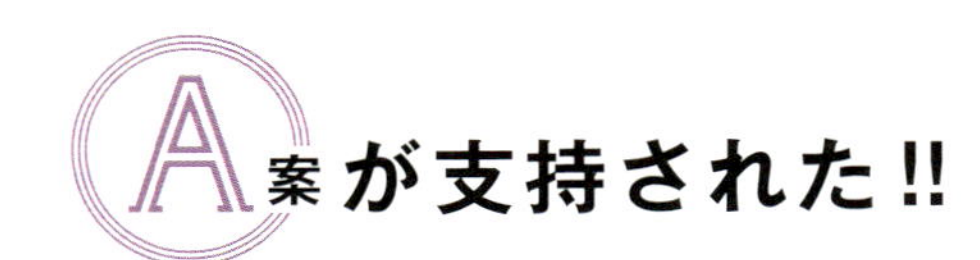

A案が支持された!!

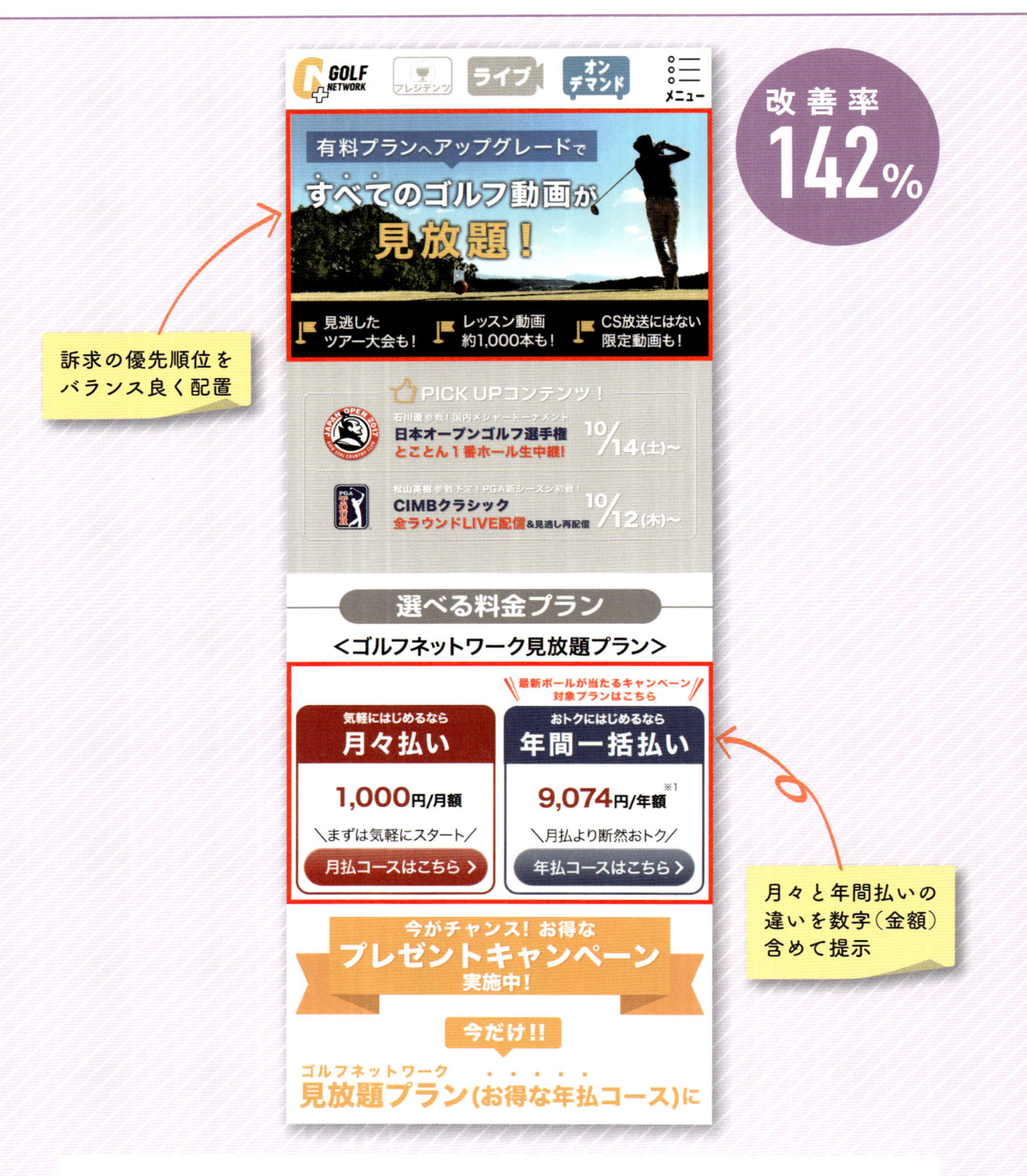

- 有料プランの特徴を1st Viewで明確にした
- 月払い、年払いの違いを定量で提示

Consideration

「意思決定できる」比較をさせよう

本サービスでは、「無料会員」と「有料会員」の違い、及び有料会員における、「月々払い」と「年間一括払い」の違いをユーザーにわかりやすく伝える必要がありました。
有料会員の良さは、他の事例でもあるようなランディングページにおける訴求ポイントと同様に、アイキャッチエリアにおけるわかりやすいコピーと訴求ポイントにより、メリットの理解度が上がるデザインになっています。
月々払い、年間一括払いについては、実際の価格の比較をすることでより具体的にお得感を想起させる形になっており、なおかつ運営元としては当然年間払いにしてもらいたい訳なので、しっかりオススメやキャンペーンのポイントなども後押しとして入れることで、比較しやすく、意思決定しやすい状態になっていると言えます。
当然アクション導線なので、オリジナルと比較して、ハイライトの強い色で強調し、目立たせていることもポイントです。

ゴルフネットワークプラス株式会社 スマホ

対象サイト	ゴルフネットワーク（https://tv.golfnetwork.co.jp/buy/select）
対象ページ	有料プランお申込みページ
流入元	ダイレクト（アプリ経由）、リファラル
流入ユーザー	30代、40代男性

テーマ

カート内のアクション導線が ゴチャゴチャ問題

EC　スマートフォン　商品詳細

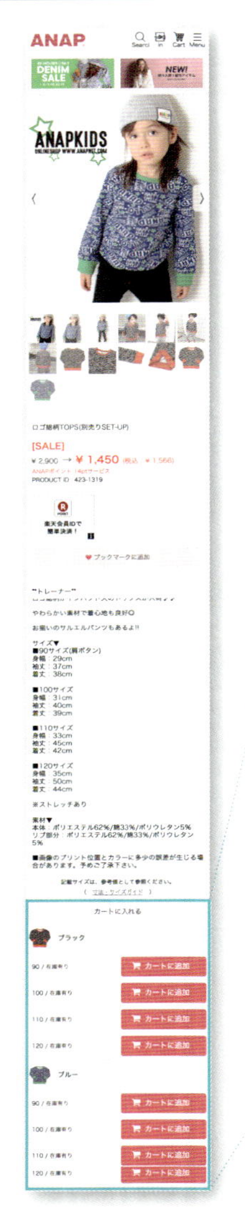

株式会社ANAP様が展開する女性向けのカジュアルアパレルブランド「ANAP」のECサイトです。同サイトでは、ANAPが展開する商品の詳細を閲覧し、購入することができます。

- 詳細ページを開いてから「カートに追加」までの時間が長い
- 詳細ページを開いたのに離脱されてしまうことが多い

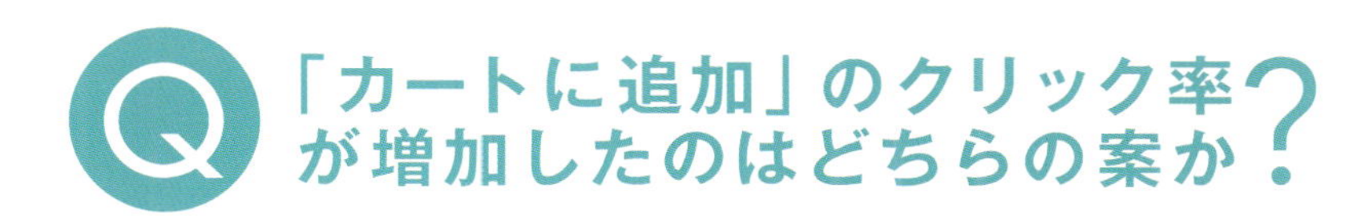

「カートに追加」のクリック率が増加したのはどちらの案か?

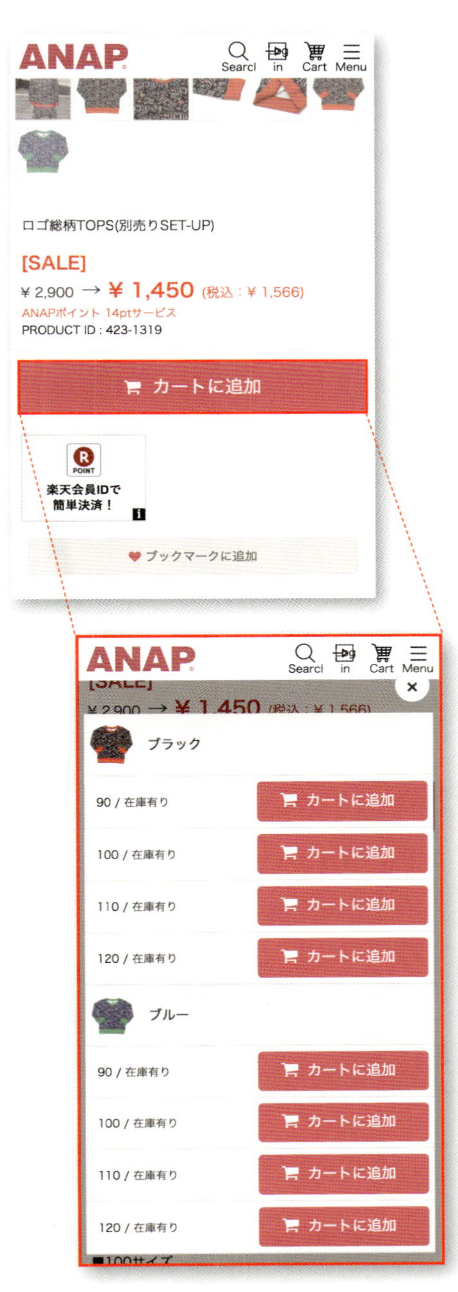

B案が支持された!!

改善率 102%

価格のすぐあとにアクション導線を配置！

モーダルが起動して、カラーやサイズが選択できる

- 商品情報とアクション導線を1st Viewにまとめた
- モーダルを使って、色やサイズの情報を整理した

Consideration

選択はストレス

アパレル系ECサイトの場合、住所などの個人情報とは別に、商品の色とサイズを確実に入力してもらう必要があります。本サイトでは、商品詳細ページにすべての情報が記載されており、色とサイズごとに「カートに追加」ボタンが設置されていました。
改善案では、商品詳細ページで商品画像や価格に関する情報、アクション導線となる「カートに追加」をひとつだけ設置し、色とサイズの選択はモーダルにまとめました。「この商品を買う！」と「この色とサイズにする！」を分けたことで、スクロールや遷移する心理的負担を下げている事例です。

株式会社ANAP スマホ

対象サイト	ANAP（https://www.anapnet.com/）
対象ページ	商品詳細ページ
流入元	オーガニック / リファラル / ディスプレイ
流入ユーザー	20代、30代女性が中心

テーマ

宿泊情報の情報過多問題

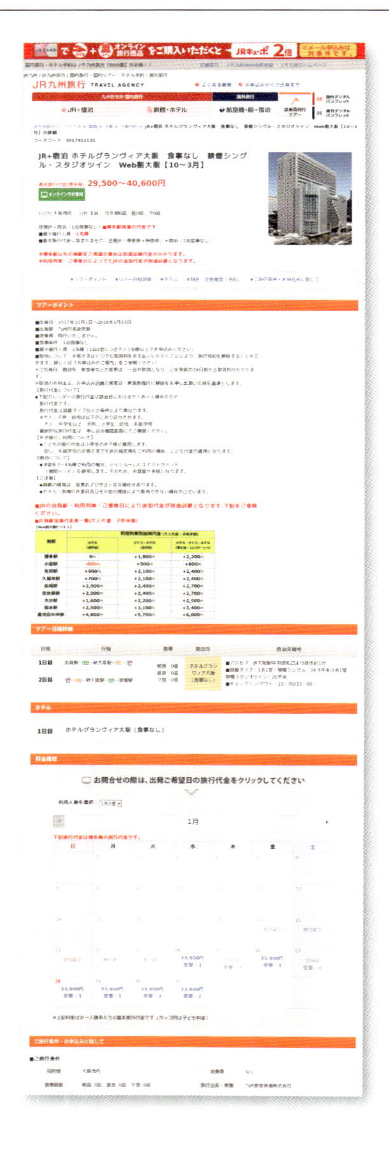

JR九州が運営する旅行サイト「JR九州旅行」のWebサイト。本サイトでは交通手段やホテル、旅行商品（ツアー）の比較、オンライン予約ができます。

- ホテル予約に関する情報がテキストで羅列されていた
- ユーザーが必要としている情報がわかりづらい

Q
オンライン予約数を
増やせたのはどちらの案か?

A案

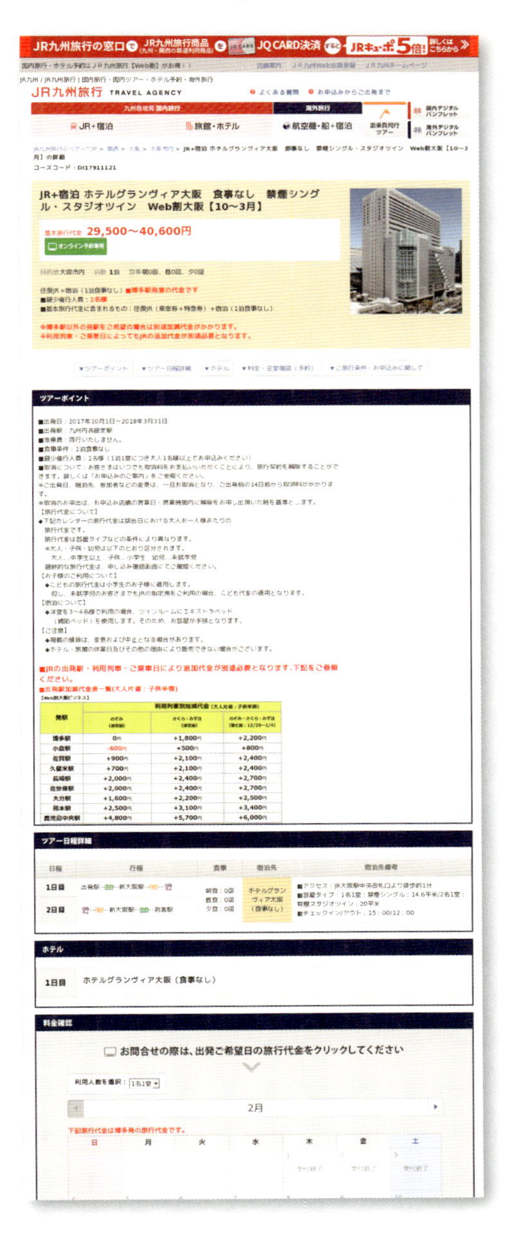
JR九州旅行
JR+宿泊 ホテルグランヴィア大阪 食事なし 禁煙シングル・スタジオツイン Web割大阪【10〜3月】
29,500〜40,600円
ツアーポイント
ツアー日程詳細
ホテル
ホテルグランヴィア大阪（食事なし）
料金確認
お問合せの際は、出発ご希望日の旅行代金をクリックしてください
2月

B案

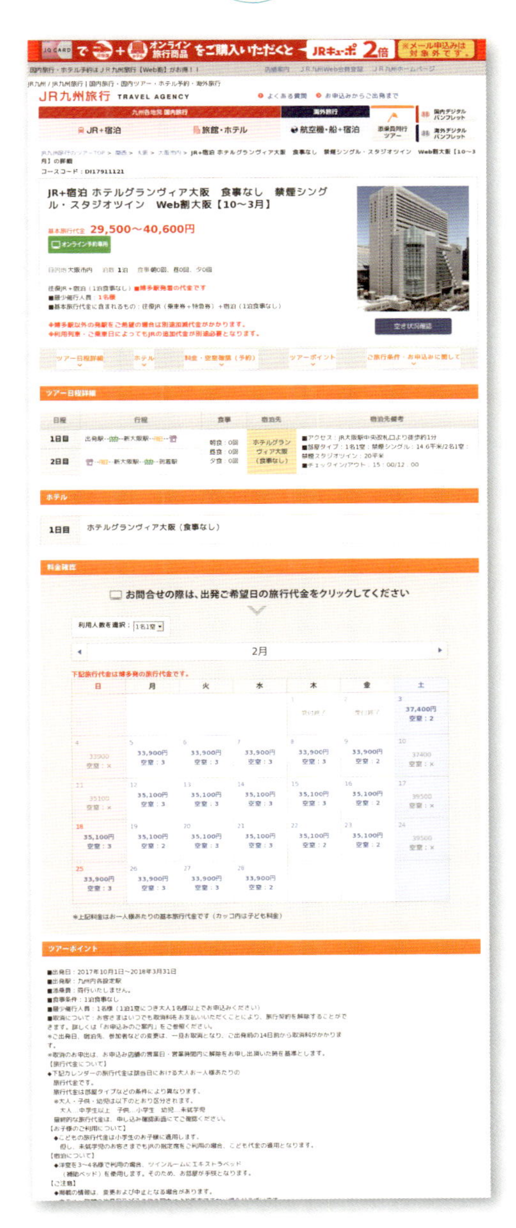
JR九州旅行
JR+宿泊 ホテルグランヴィア大阪 食事なし 禁煙シングル・スタジオツイン Web割大阪【10〜3月】
29,500〜40,600円
ツアー日程詳細
ホテル
ホテルグランヴィア大阪（食事なし）
料金確認
お問合せの際は、出発ご希望日の旅行代金をクリックしてください
2月
ツアーポイント

- ユーザーが必要とする情報をアンカをつけてインデックス化し整理した
- カレンダー（空き状況）を最初のタブに設置することで宿泊アクションを誘導した

Consideration

見せる情報は顧客に選んでもらう

旅行業界のサイトは「旅行のパンフレット」と同じように、必要になる情報をすべてWebサイトに記載してしまっていることをよく見かけます。
旅行サイトはツアーの詳細情報やホテルの情報、キャンセル時の条件のほか、朝食のありなし、オプションや施設の情報などとにかく情報量が多くなります。パンフレットであれば、ユーザーはこのような情報を気軽に見てくれますが、Webの場合は余計なストレスに感じられてしまうことがあります。こうした場合は情報の優先順位を見直し、ユーザーが求める情報は何かを考えてみましょう。
本事例ではホテルの予約がコンバージョンなので、ツアーのポイントではなく「空き室情報」のカレンダーを1st Viewに持ってくれば行動に直結しやすく心理的負担を下げられます。情報の絞り込みは改善を考える上で重要なポイントです。

九州旅客鉄道株式会社 PC

対象サイト	JR九州 旅行の窓口（http://www.jrkyushu.co.jp/ryoko/）
対象ページ	商品詳細ページ
流入元	オーガニック / リファラル
流入ユーザー	20代、30代、40代男性が中心

※2018年4月1日より名称変更されています。

テーマ

一覧のカセットが見づらい問題

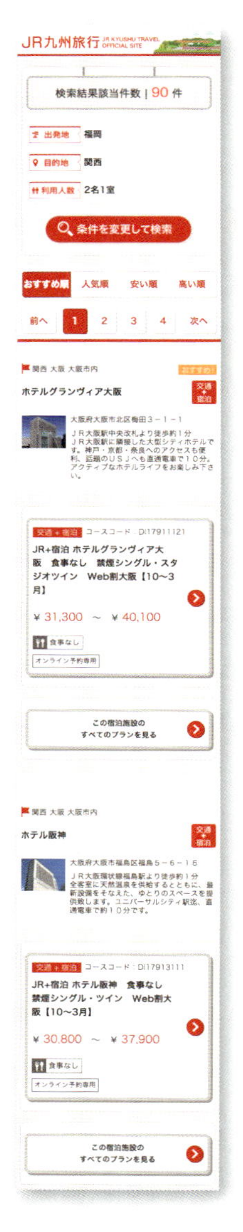

JR九州が運営する旅行サイト「JR九州旅行」のWebサイト。本ページは日時や目的地を選択したあとに、対応ツアーやホテルの検索結果が表示されます。

- 1st View上部の検索条件、並べ替えのスペースが大きい
- 表示されているカセットが大きく、「比較」がしづらい

詳細ページへの遷移率を上げられたのはどちらの案か？

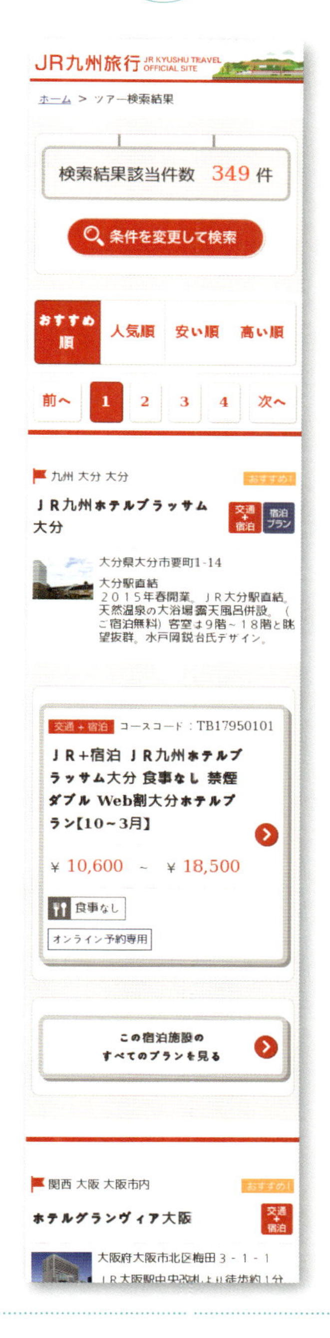

B案が支持された!!

- 1stViewのスペースを使っていた部分を整理して短くした
- カセットの高さを短くして、区切りを強調、視認性を上げた

Consideration

一覧カセットは
コンパクトに明確に！

ユーザーが一覧ページに訪れる時は、「希望に合う情報をなるべく多く一度に見たい」、「どの情報がより自分の希望に近いか比較をしたい」と考えています。
この双方を考慮しながら、一覧ページのUIを最適化する必要があります。
この事例では、１つのカセットが情報量が多く、かつスペース的にも間延びしていたものを、コンパクトに纏め、余計な情報を省き、必要な情報を強調することで比較もしやすい形にしています。
なるべく多くのカセットを1st Viewに掲載するために、検索条件エリアでスペースを使っていた部分を短くし、カセットをコンパクトにしています。
また、オリジナル画面で載せていた宿泊先の詳細情報はカイゼン案では掲載を省略しています。この段階においてはユーザーが必要としているのは写真から捉える雰囲気、及び価格がメインです。スペースが限定されるスマホにおいては、思い切って情報を削除するのも有効な手段です。

九州旅客鉄道株式会社 スマホ

対象サイト	JR九州 旅行の窓口（http://www.jrkyushu.co.jp/ryoko/）
対象ページ	検索結果一覧ページ
流入元	オーガニック / リファラル
流入ユーザー	20代、30代、40代男性が中心

※2018年4月1日より名称変更されています。

テーマ

アプリダウンロードを想起しづらい問題

LP スマートフォン アパレル

「MECHAKARI」はストライプインターナショナルが運営する月額のアパレル系レンタルサービス。本サイトは、メチャカリアプリのダウンロードを促すランディングページの1st Viewです。

- ダウンロードのアクション導線が目立たない
- 「アプリであること」「ダウンロードしてほしいこと」が伝わりづらい

Q
アプリダウンロード数が
増えたのはどちらの案か？

A案

人気ブランドの新作が借り放題!!
気になるコーデもまとめ借り！
すべて新品！購入もできる！！
服、借りホーダイ
mechakari
今だけ！初月無料！
最新アイテムをいますぐCHECK!!
無料アプリダウンロード

B案

人気ブランドの新作借り放題!!
まずは1ヵ月無料体験
服、借りホーダイ
mechakari
無料アプリで
コーディネートチェック！
今すぐダウンロード
Download on the
App Store

B案が支持された!!

- アプリとわかるようにApp Storeアイコンを入れた
- アプリ内イメージ、「無料」「コーディネート」の文言追加でサービスイメージを想起

Consideration

アイコンとイメージでアプリの認識を

本サイトはアパレルの定額レンタルサービス「MECHAKARI」のダウンロードを促すランディングページです。
オリジナル案では、インパクトのある写真が利用されていますが、本サービスが「アプリ」である点、「ダウンロードをさせたい」点の訴求が弱い状態でした。
勝ち案では、アプリDLが想起しやすいApp Storeアイコンを利用している点、そのアクション導線の周りに後押しする情報の配置、実際のアプリイメージ画像も配置し、「コーディネート」と伝えることで、1st Viewのモデル写真のインパクトを維持しながら、課題を解決できた好事例です。

株式会社ストライプインターナショナル スマホ

対象サイト	MECHAKARI (https://mechakari.com/)
対象ページ	ランディングページ
流入元	オーガニック / リファラル
流入ユーザー	20代、30代、男性、女性

テーマ

「本当にお得なの？」問題

LP スマートフォン アパレル

「MECHAKARI」はストライプインターナショナルが運営する月額のアパレル系レンタルサービスです。本サイトは、メチャカリアプリのダウンロードを促すランディングページの2nd Viewのテストです。

▶ 訴求ポイントが書いてあるが、どれぐらい嬉しいことかがわからない

Q
アプリダウンロード数が
増えたのはどちらの案か？

A案

今だけ！無料で試せるチャンス！
初月無料キャンペーン中！
月額料金&1回目の返却手数料
5,800円 + 380円
0円
さらにMAX毎月1,000円も安くなる♪
お得な継続割引
サービススタート！
※クレジットカード決済のみ
アプリ紹介ムービー
PLAY

B案

今なら
まずはお試し下さい
1ヶ月無料キャンペーン実施中
初月の月額料金 5,800円
1回目の返却手数料 380円
0円
使えば使うほどおトクなサービススタートしました！
継続割引
サービス
ご利用期間に応じて月額料金が
MAX 1,000円
おトクに！
アプリ紹介ムービー
PLAY

B案が支持された!!

- 具体的な数字を掲載し、ユーザーにイメージさせた
- 「いまなら」「使えば使うほどおトク」など、後押しするコメントを追加した

Consideration

数字は心を動かす

例えば「いまなら無料」と書いてあったとします。しかし、いくらが無料になったかわからないければ「ないと同じ情報」。一言「月額5,800円が」とつけるだけで、ユーザーは「これはお得だ！」というイメージを持てます。特に本ページは2nd Viewなので、1st Viewでアクションしなかったユーザーが見る＝アクションするための後押しがもっと欲しいと考えていることを意識してください。ユーザーの心理をどれほど分析、理解できているかが効果に現れてくるエリアでもあります。

株式会社ストライプインターナショナル スマホ

対象サイト	MECHAKARI（https://mechakari.com/）
対象ページ	ランディングページ
流入元	オーガニック / リファラル
流入ユーザー	20代、30代、男性、女性

テーマ

どうやったら ムービー見てくれるか問題

LP スマートフォン アパレル 動画

「MECHAKARI」はストライプインターナショナルが運営する月額のアパレル系レンタルサービスです。本サイトは、メチャカリアプリのダウンロードを促すランディングページで2nd Viewのムービー紹介エリアです。

- シンプル過ぎてムービーであるかがわかりづらい
- ムービー再生率が低い

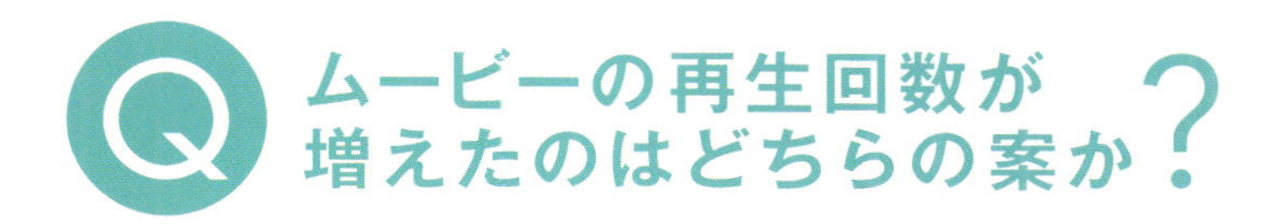
ムービーの再生回数が
増えたのはどちらの案か？

A 案

メチャカリ
無料
ダウンロード
1分でわかる
アプリ紹介ムービー
「メチャカリのある暮らし」
ABOUT MECHAKARI
人気ブランドの新作アイテムが

B 案

まずは、ムービーで使い方をチェック♪
カンタン1分でわかる！
ムービー公開中
使い方を見る
ABOUT MECHAKARI
人気ブランドの新作アイテムが
定額で借り放題

- ムービーを予測させ、時間を記載しハードルを下げた
- 再生ボタンや枠を「動画」に馴染みのあるデザインに変更した

Consideration

「見るハードル」を下げ、「動画」を認識させよ

「Webサイトは表示されるまで3秒かかると7割は去って行く」と言われます。どれだけ時間がかかるかわからない状態はストレスですし、長ければ更にマイナス要素です。本事例では、動画にかかる時間（1分）を表示させることで、心理的なハードルを下げています。「そこに動画が置かれている」と気付かせる工夫も目を留めてもらう重要なポイントです。
ムービーは世界観や使いかたを伝えやすいので、再生されれば、エンゲージは確実に高められます。色々な工夫をしてみましょう。
ちなみに1st Viewではせっかちな人が多く、動画の長さが「1分」で長いと感じられる可能性があるため、2nd Viewへ設置するのが良いでしょう。

株式会社ストライプインターナショナル スマホ

対象サイト	MECHAKARI (https://mechakari.com/)
対象ページ	ランディングページ
流入元	オーガニック/リファラル
流入ユーザー	20代、30代、男性、女性

テーマ

メリハリがない問題

スマートフォン　会員登録　EC

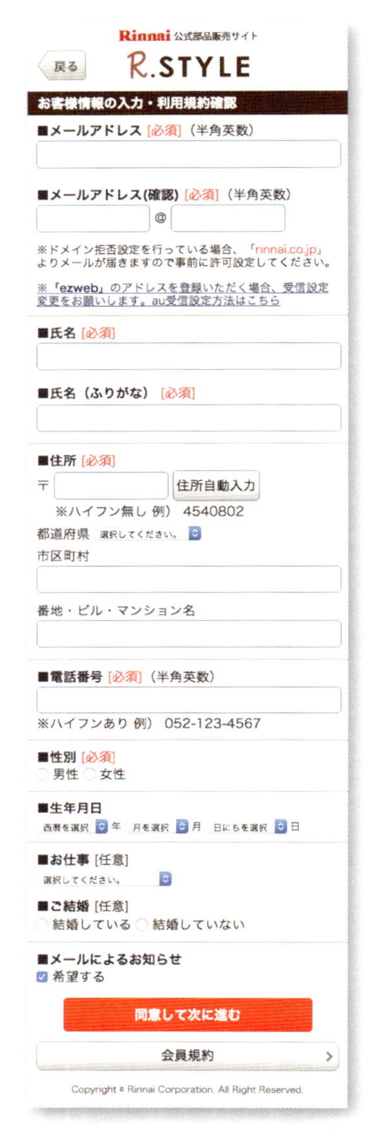

ガス機器メーカーリンナイのECサイト「R.STYLE」。このページは会員登録のためのフォームです。

- 白地にテキストが多く、メリハリがない
- 必須項目がわかりづらい

会員登録の入力完了数を増やせたのはどちらの案か？

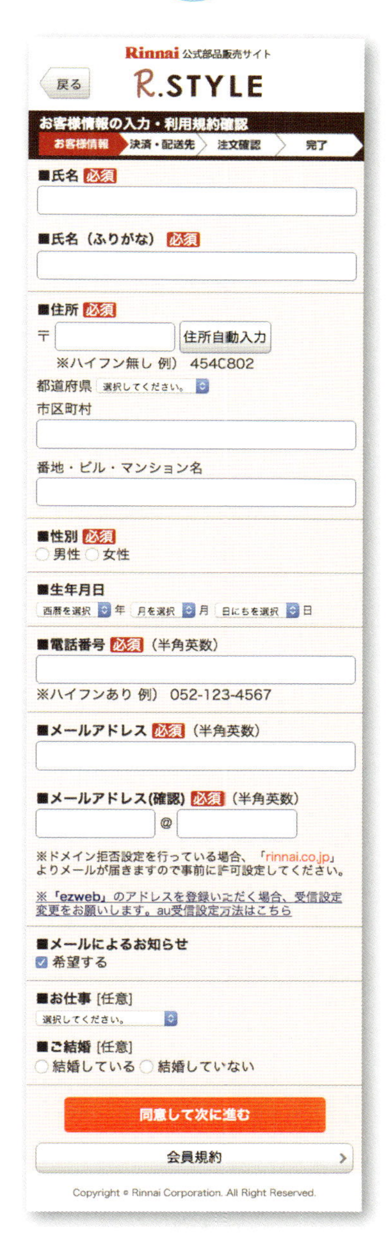

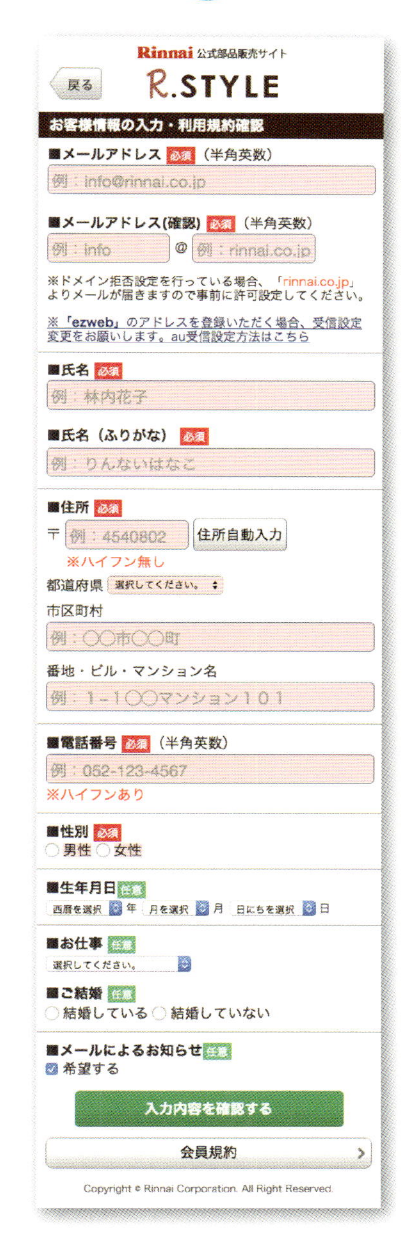

B案が支持された!!

- 必須項目のフォームに色を入れた
- 「入力完了」を赤の反転色として緑にした

Consideration

必須、任意のメリハリをつけよう

会員登録は入力する項目が多く、ユーザーにとっては面倒です。「この商品を買おう」と意思決定をしてくれたユーザーも、会員登録でステップ中に離脱されてしまうこともよくあります。
このような離脱は大きな機会損失です。情報の優先順位を考えて必須項目を「一目でわかる」状態にしていきましょう。ユーザーは「解釈」が必要になるとストレスを感じられてしまいます。「テキストを読んで、どこを入力すればいいのか」を「上から順に赤い部分を入力すればいい」と感覚的に把握できれば離脱はグッと減ります。全部を入力しなくても良いという心理負担の軽減も効果があるでしょう。
また、最後のアクション導線は、全体のトーン＆マナーの反転色にすべきです。最後まで入力して、「完了するボタンがわかりづらい」で離脱されるのは絶対に避けましょう。

リンナイ株式会社 スマホ

対象サイト	R.STYLE（リンナイスタイル）（https://www.rinnai-style.jp/）
対象ページ	お客様情報入力フォームページ
流入元	オーガニック / リファラル / ダイレクト
流入ユーザー	30代、40代　男女比5:5

テーマ

訴求ポイントを全部のせてしまう問題

スマートフォン LP EC

「au WALLET Market」はタイムセール形式のECサイトです。本ページはキャンペーンセールを実施している商品のランディングページです。

課題

- 訴求ポイントが多く頭に入ってこない
- 訴求の優先順位が整理されていない

購入数を増やせたのはどちらの案か？

案

ギフトコードでタイムセール価格よりさらに安く！

今だけ急げ！ 1週間限定!!

バイヤー厳選 大人気グルメ

限界価格挑戦セール

1/12（金）10:00 ~ 1/19（金）10:00

ギフトコードの使用方法はこちら

ピアードパパ特別セット
（バニラロールケーキ & ベイクドチーズケーキ）

販売価格（税込） 3,240円 → 2,480円

スパイスが豊かに薫る中辛タイプの
奥深い旨味

案

au WALLET
Market

ギフトコードでタイムセール価格よりさらに安く！

ギフトコードの使用方法はこちら

限界価格挑戦セール

バイヤー厳選 大人気グルメ

赤字覚悟の大セール実施中

最大半額

1/12（金）10:00～1/19（金）10:00まで

店頭では買うことができない幻の逸品

ピアードパパ特別セット
（バニラロールケーキ & ベイクドチーズケーキ）

販売価格（税込） 3,240円 → 2,480円

スパイスが豊かに薫る中辛タイプの
奥深い旨味

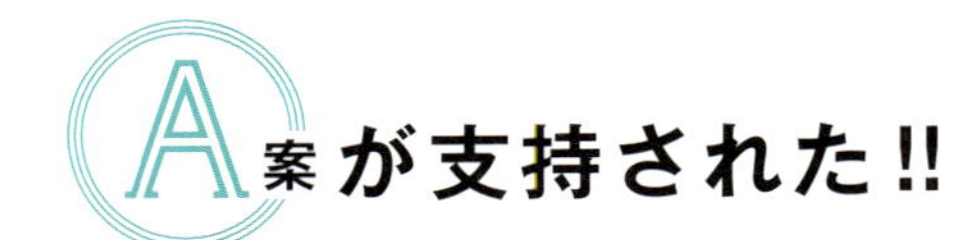

- 「1週間限定」をもっとも優先順位の高い情報として目立たせた
- そのほかの訴求ポイントを小さく背景色を変えた

Consideration

何度も言うけど、優先順位を

タイムセール式のECは常に期間限定型の商品が並んでおり、サイト上では毎日セールが行われている状態です。ですので、”限界価格挑戦”セールという普段より「更にお得です」ということを強調する必要がありました。
オリジナル案では、いくつもの訴求が同じ優先順位で並んでしまっており、結果として訴求が頭に入りづらい状況でした。
勝ち案では、「1週間限定」を最も優先順位の高い訴求と決めて、その他の優先順位を下げることで、メッセージングが明確になっています。
また、「時間」的な訴求の補足としての対象期間をアイキャッチエリアに表示させていることも、ユーザにモチベーションを与える情報となっているでしょう。

株式会社ルクサ　スマホ

対象サイト	au WALLET Marlet (https://wm.auone.jp/front/lp/supersale0102)
対象ページ	ランディングページ
流入元	リファラル / オーガニック / ダイレクト
流入ユーザー	不明

テーマ

判断に必要な情報が目立ってない問題

スマートフォン EC

「au WALLET Market」はタイムセールを取り入れたECサイトです。本ページは商品の詳細ページです。ECサイトに「あと何時間」という要素を加えているのが本サイトの特徴です。

- 詳細ページに遷移してきたユーザーを後押しする情報が目立たない
- 「カートに入れる」以外を見過ごしてしまう

購入数を増やせたのはどちらの案か？

A案

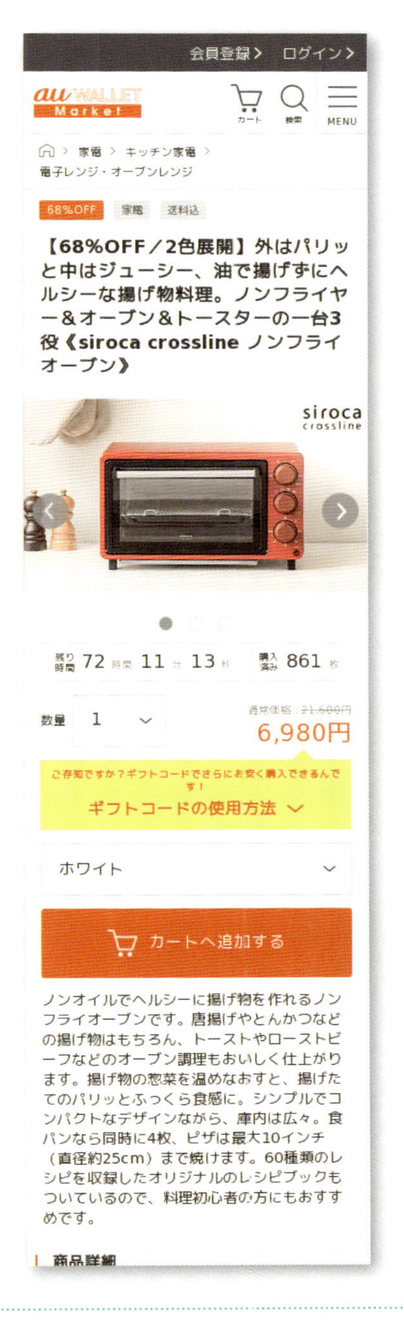

B案

B案が支持された!!

- 意思決定に必要となる「価格」情報を大きく、強調した
- タイムセールなど、後押しとなるような情報を反転して目立たせた

Consideration

判断材料は「目立たせ」、アクション導線の近くへ

実は本ページはオリジナルの状態でも詳細ページとしてセオリーを踏襲しています。
商品名のあと、商品画像が来て、価格やタイムセールの情報など、必要最低限の情報がシンプルにまとまったあとに、1st Viewで「カートに入れる」まで確認できます。「もう一歩」を考えたときに価格表示が弱すぎる印象がありました。価格は遷移する前の一覧でも確認できる情報ですが、詳細ページで目立つ状態でなければ意思決定が揺らいでしまいます。
情報は記載するだけではなく、優先順位を考え、しっかり「目に入る」ことを意識しましょう。
また、タイムセールとしてのサービスの特性上、残り時間表示も重要なユーザーへの後押しとなります。これを目立たせたことも大きかったでしょう。

株式会社ルクサ スマホ

対象サイト	au WALLET Marlet (https://wm.auone.jp/front/kaizen/preview/Commodity.html)
対象ページ	商品詳細ページ
流入元	ダイレクト / リファラル / オーガニック
流入ユーザー	不明

テーマ

商品一覧でいかに商品を選んでもらうか？問題

ジョンソン・エンド・ジョンソンのコンタクトレンズブランド「アキュビュー®」のオンラインストアLPです。同社は1日使い捨てと2週間交換タイプの2種類のコンタクトレンズを展開しています。

▶ ページが長すぎて商品展開がわかりにくい

商品展開がわかりやすくなり、詳細遷移が増えたのはどちらの案か？

A案

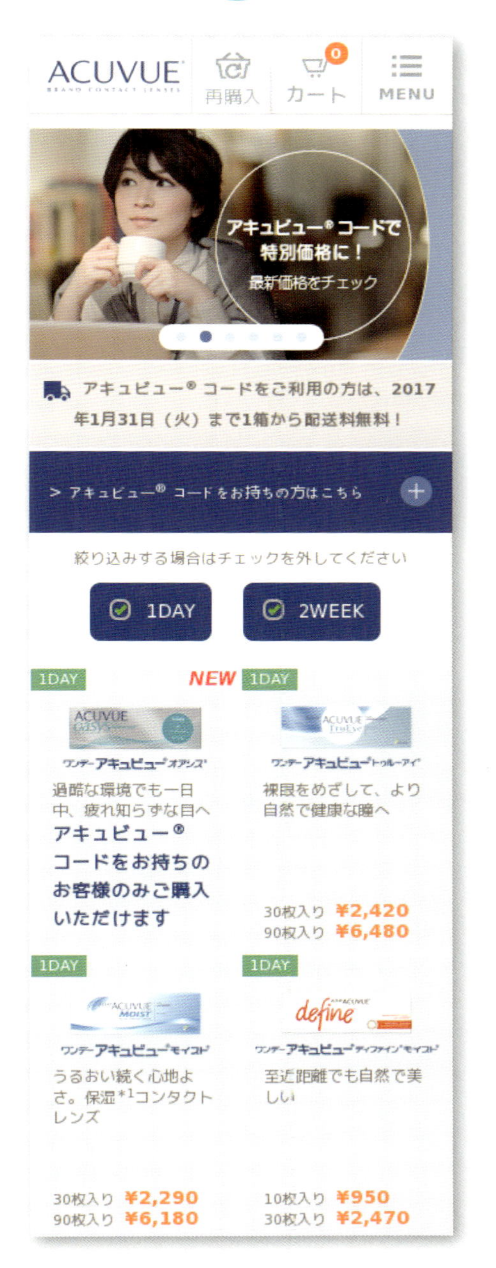

B案

B案が支持された!!

改善率
112%

- 1DAY、2WEEKをトップに用意した
- 色分けやアンカーで明確に商品が違うことを表現した

Consideration

ロングページは
アンカーを活用せよ！

コンタクトレンズは強力なリピート性を持つ商品で、特に「アキュビュー®」はブランド認知力も高く、大変強いプロダクトです。
ただし、新規で同サイトを訪問するユーザーは、「アキュビュー®」の中で1DAY/2WEEKのそれぞれの存在を理解しているかどうかはわかりません。
元々のオリジナル画面では、1DAYの商品一覧の後ろに2WEEKの商品一覧が存在し、長くスクロールをしなければ2WEEKの存在に気づけない構造になっていました。長いランディングページ/ページで、2nd View配下に重要な情報が存在する場合には、1st Viewに、それを気づかせるアンカーリンクを置くことで気づかずに離脱されてしまうことを防ぐことができるでしょう。
エリアを色で判別することも視覚的に有効です。A案ではアンカーの色が同じ色となっているため、中の文字情報で識別をしなければならない分、ユーザーに負担を強いていると言えるでしょう。

ジョンソン・エンド・ジョンソン株式会社 スマホ

対象サイト	アキュビュー®（https://store.acuvue.jnj.co.jp）
対象ページ	オンラインストア_TOPページ
流入元	リファラル/オーガニック/ダイレクト
流入ユーザー	不明

テーマ

ユーザーに選択のストレスを与えてしまう問題

スマートフォン　EC

宅配ピザで有名な日本ピザハットが展開する「ピザハット」のオンライン注文サイト。本ページは、食べたいピザ、生地などを選択できるページ。

▶ ユーザーが同時に複数の意思決定をしなければならない

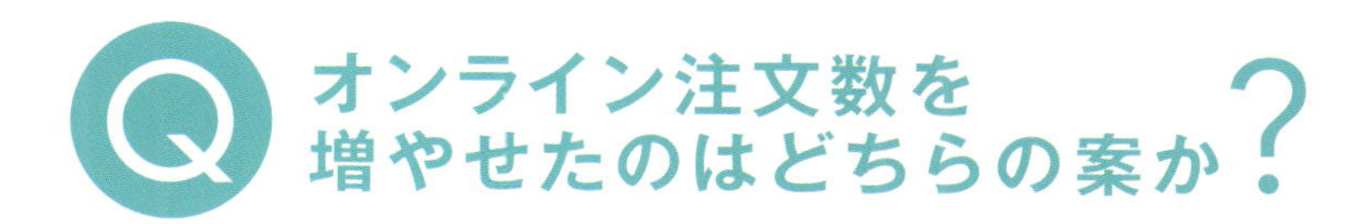
オンライン注文数を
増やせたのはどちらの案か?

A 案

Pizza Hut
こく旨ジャストミート
M ¥2,570 (税込) L ¥3,780 (税込)
生地とサイズをお選びください
Mサイズ 約26cm(8カット)2~3人分
ふっくらパンピザ
ハンドトス
スペシャルクリスピー
ゴールデンチーズクラスト(プラスM¥280・L¥410)
パリッとソーセージクラスト(プラスM¥280・L...
Lサイズ 約31cm(12カット)3~4人分
ふっくらパンピザ
ハンドトス
スペシャルクリスピー
ゴールデンチーズクラスト(プラスM¥280・L¥410)
パリッとソーセージクラスト(プラスM¥280・L...
ハーフ&ハーフで注文する
トッピングを変更する
選択した商品のご注文金額
2,570円
カートに入れる

B 案

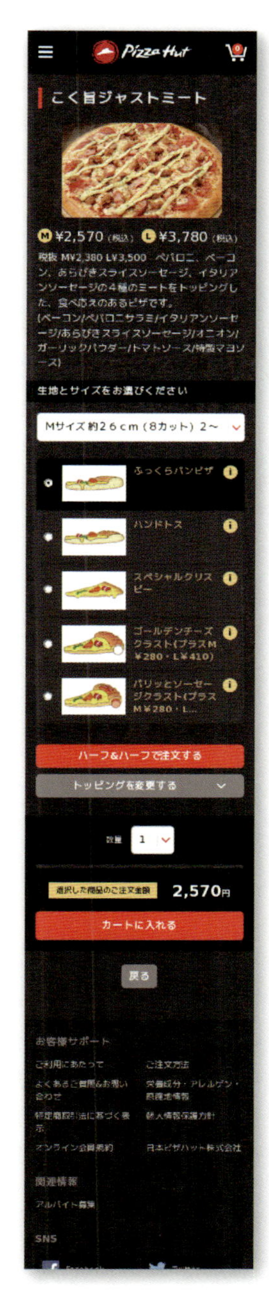
Pizza Hut
こく旨ジャストミート
M ¥2,570 (税込) L ¥3,780 (税込)
生地とサイズをお選びください
Mサイズ 約26cm(8カット)2~
ふっくらパンピザ
ハンドトス
スペシャルクリスピー
ゴールデンチーズクラスト(プラスM¥280・L¥410)
パリッとソーセージクラスト(プラスM¥280・L...
ハーフ&ハーフで注文する
トッピングを変更する
選択した商品のご注文金額
2,570円
カートに入れる
戻る
お客様サポート
関連情報
SNS

B案が支持された!!

- サイズと生地選択が別に見えるよう表示を変更した
- 初期状態で「Mサイズ」を選択しているなどユーザーが選択する手間を省いた

Consideration

選択はストレスだ

アパレル系で言えば色やサイズを選ぶように、ピザもトッピングを選んだあとにサイズと生地をユーザーに選んでもらう必要があります。
オリジナルのページでは、生地ごとに「Mサイズか Lサイズか」が選べるようになっていました。これはアパレル系で言えば、色ごとにサイズがずらりと並んでいる状態。ユーザーには感覚的に「選択する項目が多そう」と感じさせてしまいます。どうしても生地は画像を見せないとイメージがしづらいですが、サイズは画像が必要ないためプルダウンでまとめました。また、初期の状態でもっとも注文数の多い「Mサイズ」を選択している状態にするなど、なるべくユーザーが選択しなくて済む状態を目指しました。

日本ピザハット株式会社 スマホ

対象サイト	ピザハット（https://pizzahut.jp/ip/pizza/W000003697-002）
対象ページ	商品詳細ページ
流入元	オーガニック / ダイレクト
流入ユーザー	30代、40代女性が中心

テーマ

アクション導線と訴求が食い合っている問題

ブックオフがオンラインで古本の買い取り、販売をするブックオフオンラインの「宅配買取サービス」のランディングページです。

- ▶ 訴求ポイントとアクション導線が混同するデザイン
- ▶「宅配買取サービス」のサービス訴求が弱く、イメージしづらい

申し込み数を増やせたのはどちらの案か？

A案

B案

A案が支持された!!

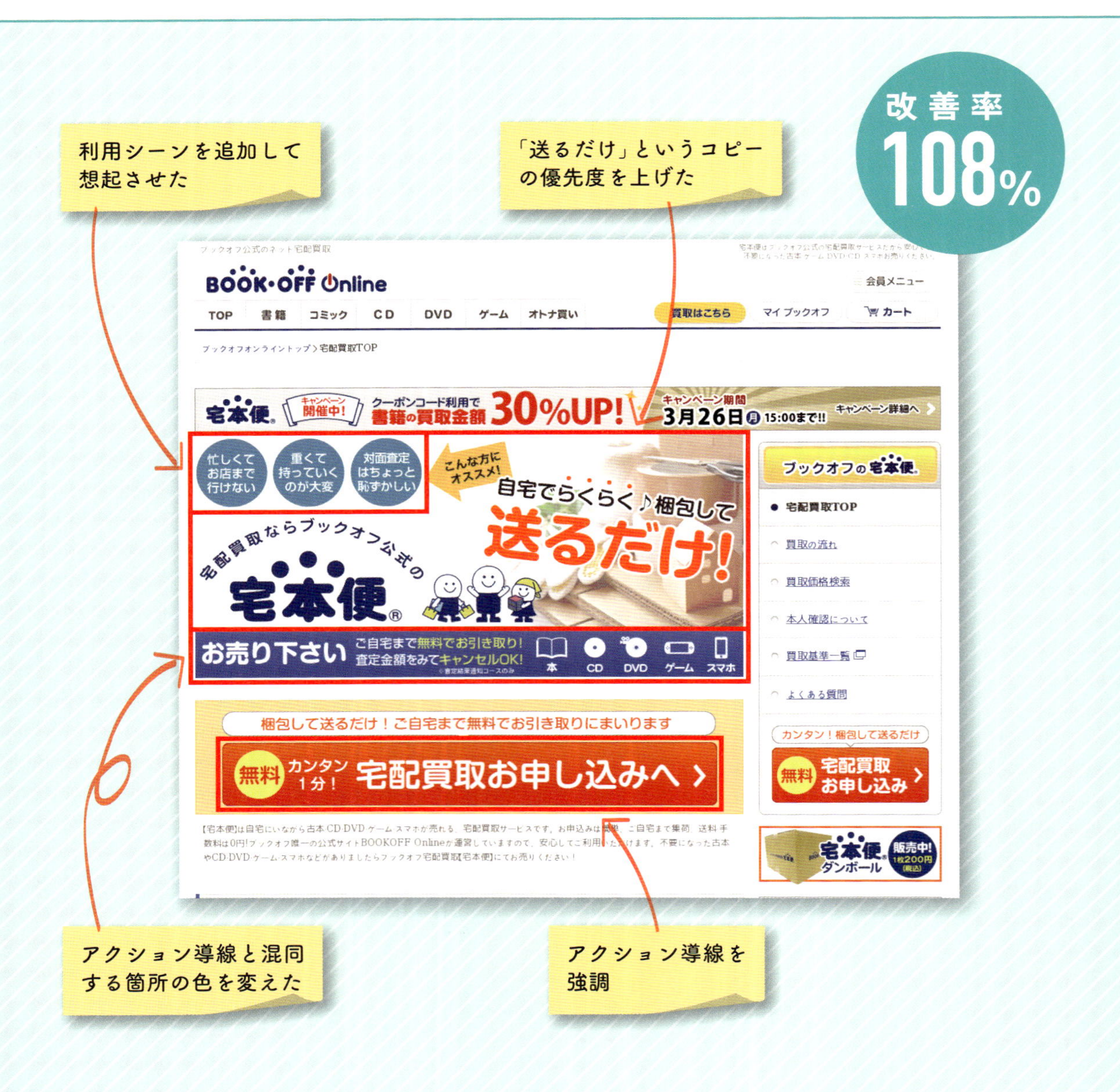

- 訴求の追加、コピーの優先度を整理した
- 混同するデザインを修正し、アクション導線を目立たせた

Consideration

アクションは一つ、訴求は優先順位！

本事例では、訴求ポイントがアクション導線のように混同してしまうという課題と、訴求自体が弱いという２つの問題を抱えてたので、この課題を丁寧に取り除いた好事例です。
アクション導線は全体のトーンマナーと比較して、反転色や目立つ色で、唯一の存在であることが重要ですので、同系色だった訴求箇所については色を変更しています。
訴求の弱さについては、優先度として、キャッチーな「送るだけ」という訴求を目立たせたことに加え、新たに利用シーンを想起させる訴求を配置したことで、自分の状態と照らし合わせた上で、アクションへのハードルをうまく下げられています。

ブックオフオンライン株式会社 PC

対象サイト	ブックオフオンライン（https://www.bookoffonline.co.jp/files/selltop.html）
対象ページ	申し込みページ（PC）
流入元	ダイレクト / オーガニック
流入ユーザー	30代、40代が中心 男女比4:6

テーマ

アクション導線が まったく目立たない問題

スマートフォン　EC　LP

ブックオフがオンラインで古本の買い取り、販売をするブックオフオンラインの「宅配買取サービス」のスマートフォン版ランディングページです。

- サイトの色とアクション導線が同じ色で埋もれてしまっている
- サービスの特長が「つめて送るだけ」しかないため、もったいない

申し込み数を増やせたのはどちらの案か?

A案

B案

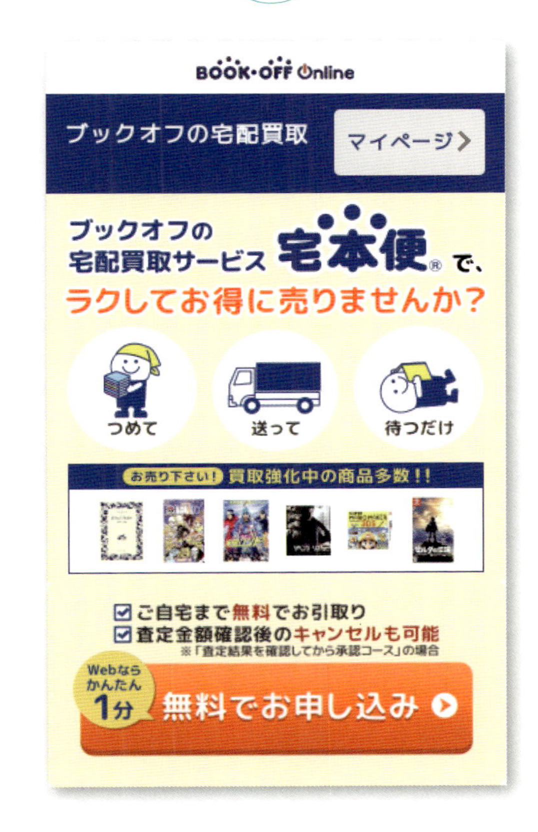

B案が支持された!!

- アクション導線の色を変えて強調した
- 「手間がかからない」ということをイラストも使ってイメージしやすくした

Consideration

PCとスマホは別物です

本ページは、PC版の勝ち案をスマホサイズにしたものとABテストを行いました。結果、PC版をスマートフォンの画面サイズに合わせると「文字が多い」という印象が強いこともあり、大きな成果には繋がりませんでした。画面の大きさに制約があるスマートフォンでは、狭いスペースでも利用のイメージがしやすいイラストを使うと効果的です。また、ベストセラーや話題の書籍など買取強化中のタイトルの画像を並べたことで、ユーザーはより具体的に自分が持っている本と紐付けて買い取りをイメージしやすくなり、モチベーションを上げる効果があります。アクション導線をしっかり大きく、反転色で強調したこともポイントです。

ブックオフオンライン株式会社 スマホ

対象サイト	ブックオフオンライン (http://www.bookoffonline.co.jp/content/?mbf=/sell/selltop.html)
対象ページ	申し込みページ（スマホ）
流入元	ダイレクト / オーガニック
流入ユーザー	30代、40代が中心 男女比4:6

おわりに

約4年間で累計300社の改善活動をお手伝いする中で、お客様から最も求められたのは、本書のような改善の実事例の共有でした。

ファクトから予測する課題、解決のための仮説とその為の改善活動は、良質なインプットによる良質な課題や問いの設定により精度が大きく変わっていきます。

但し、これらの事例というのは、捉え方次第では企業の重要な財産であり、競合と比較した時に重要なノウハウにもなりえます。

今回、35もの事例を掲載できたのは、これからもこれまでも改善活動に挑み続ける読者の皆様に、少しでも良質なインプットができればと、ご協力・ご快諾を頂いた企業様がいたからです。おかげさまで、これまでにない書籍ができたと思っています。

今回の事例集は、読者の皆様の知的好奇心を刺激し、自分たちで考え、試してみるモチベーションとなる事を想定して作っています。

サイト改善活動には終わりがありません。企業、チーム、個人が継続的に改善活動を続けられる為に、時には環境を自ら変えに行く勇気も必要です。

そして自分たちのサイトの事例は自分達で積み上げて行くものです。本書を手にされ、少しでも目を通して頂いた方々の、次なるアクションへの刺激となれば幸いです。

著者

鬼石 真裕

Kaizen Platform フェロー

リクルート、ビズリーチ、グリーで、企画、営業、プロダクト、事業責任者などを歴任。 Kaizen Platformでは、国家戦略特区福岡市で民間初の特区プロジェクトとなる福岡グロースハックネットワークを設立した。カスタマーサクセス組織の立上げを経て、300社の大企業のコンサルティングを含めた営業・マーケティング責任者に就任。2018年7月よりフェローとして全般の事業支援に携わる。オンラインスクールの「schoo」では歴代最多受講希望数2400人の記録を持つ。

書籍プロジェクトチーム

山川 譲
夏 在樹
多田 朋央
谷口 志佐枝
藤原 玄
ヤマダ ヤスヒロ

協力会社、協力者一覧

本書執筆にあたり、多くの皆様の多大なご協力を頂きました。略儀ながら、ここに皆様の名前を掲載させて頂く事で、感謝の意を表したいと思います。

● 協力会社一覧

株式会社ANAP
HJ ホールディングス株式会社
株式会社IDOM
株式会社NTT ぷらら
RGF Executive Search Singapore
株式会社SBI証券
株式会社関西アーバン銀行
九州旅客鉄道株式会社
株式会社クレディセゾン
ゴルフネットワークプラス株式会社
さくらインターネット株式会社
ジョンソン・エンド・ジョンソン株式会社
株式会社スタッフサービス
株式会社ストライプインターナショナル

東建託株式会社
株式会社ツヴァイ
株式会社テクノ・サービス
日本ピザハット株式会社
ブックオフオンライン株式会社
ヤフー株式会社
ヤマハ音楽振興会
株式会社ヤマハミュージックジャパン
リンナイ株式会社
株式会社ルクサ

● Kaizen Platform Sales/CSのみんな

須藤 憲司
酒井 利佳
村上 明英
岩澤 祐子
横堀 将史
田中 亜由子
外尾 こず恵
末次 功
今井 利幸
犬飼 信哉
矢﨑 泰三
齋藤 圭吾
郷 康宏
西川 智聡
大熊 一美
大木 裕介
河谷 弥代子
平野 美里
山本 隼希
西田 有希
山田 麻衣
小澤 敏之
高島 寛子
小山 純子
小島 和志
藁科 太一

● Special Thanks

岡田 奈津子
藏保 萌子

装丁・本文デザイン・レイアウト

石田 昌治（株式会社マップス）

編集

山口 政志

本書に関するお問い合わせ

本書に関するご質問については、本書に記載されている内容に関するもののみ受付をいたします。電話でのご質問は受け付けておりませんので、ファックスか封書などの書面か電子メールにて下記までお送りください。
お送りいただいたご質問には、できる限り迅速にお答えできるよう努力いたしておりますが、場合によってはお答えするまでに時間がかかることがあります。

問い合わせ先
住所　〒162-0846 東京都新宿区市谷左内町21-13
株式会社技術評論社 書籍編集部
「2万回のA/Bテストからわかった
支持されるWebデザイン事例集」係
Fax　03-3513-6183
Web　http://gihyo.jp/book/2018/978-4-7741-9938-2/

2万回のA/Bテストからわかった
支持されるWebデザイン事例集

2018年8月8日 初版 第1刷 発行

著　者　鬼石 真裕 + KAIZEN TEAM
発行者　片岡巌
発行所　株式会社技術評論社
〒162-0846 東京都新宿区市谷左内町21-13
電話　03-3513-6150　販売促進部
03-3513-6166　書籍編集部
印刷／製本　株式会社加藤文明社

定価はカバーに表示してあります。

ISBN978-4-7741-9938-2 C3055
Printed in Japan